위대하고 위험한
약 이야기

위대하고 위험한 약 이야기

정진호 지음

질병과 맞서 싸워온 인류의 열망과 과학

푸른숲

서문

삶에 대한 열망과 호기심이 빚어낸 과학

몇 해 전 베트남에 단체 여행을 갔다. 으레 건강에 좋다는 제품을 파는 가게도 한두 차례 들렀다. 현지 판매원은 습지에서 채취했다는 야생초로 만든 약을 들고서 모든 질병을 낫게 하는 약이라며 홍보했다. 4인 가족이 한 달 먹는 데 100만 원이 든다고 했다. 스무 명 남짓 되는 일행 중 한 사람이 구입하자 너도나도 약을 샀다. 여행 중에 가까워진 분께 다가가 '내가 이 분야 전문가인데 구입하지 않는 것이 좋겠다'라며 조심스레 말렸지만 소용없었다. 그분도 뒤돌아서서 바로 비싼 야생초 제품을 구입했다.

백신과 항생제, 해열제 등 어떤 약도 사용하지 않는 자연치유법으로 아이를 키운다는 안아키(약 안 쓰고 아이 키우기) 카페 이야기가 인터넷을 뜨겁게 달궜다. 약을 극단적으로 불신하는 부모가 가입해, 회원만 수만 명에 이른다고 한다. 이 카페는 21세기 들어 선진국에서 논란이 되고 있는 안티백신운동anti-vaccination movement에서 한 발짝 더 나가 이제는 검증되지 않은 치료 수단으로 직접 치료하겠다는 주장까지 펴고 있다.

1998년 저명한 의학 학술지 〈란셋Lancet〉에 MMR(홍역, 볼거리, 풍진) 예방 백신이 자폐증을 유발한다는 논문이 실리자 영국을 중심으로 부모들이 어린 자녀에게 백신 맞추기를 거부하는 운동을 벌였다. 2010년에 이 논문은 조작된 것으로 판명 났지만 아직도 백신 반대 단체는 의사들이 제약 회사와 한통속이 되어 백신의 위험성을 알면서도 은폐하려 든다고 주장한다. 안티백신운동의 주장을 듣고 조금이라도 마음이 흔들리는 사람이 있다면 그에게 꼭 하고 싶은 말이 있다. 1998년 이전에는 영국에서 한 해에 홍역 환자가 10명에 못 미쳤지만 안티백신운동으로 백신 접종률이 떨어진 2013년에는 상반기에만 홍역에 걸린 어린이가 1287명이었다. 이 가운데 257명이 병원에 입원했고, 39명은 심각한 폐렴 증상을 보였으며 1명은 합병증으로 사망했다.

세상에 완벽한 약은 없지만 예방 백신은 그 어떤 치료법보다 훨씬 부작용이 적다. 또 백신을 맞지 않으면 최악의 경우 전염병이 창궐할 수 있다. 하지만 사람들은 전문가의 이런 경고를 여러 주장 가운데 하나쯤으로 여기곤 한다. 나는 베트남 여행에서 사람들이 전문가를 그렇게 신뢰하지 않는다는 사실을 뼈저리게 느꼈다. 내가 전문가로서 제 역할을 하지 못한 탓은 아닌지 안타까움과 후회가 밀려왔다.

인간은 누구나 건강하게 살고 싶어 한다. 약에 지나치게 의존하든 약을 극단적으로 기피하든 마찬가지다. 그래서인지 건강을 향한 인간의 욕망을 자극하는 '몸에 좋다는 약'과 '민간요법'이 인터넷에 일상적으로 떠다닌다. 정확한 근거 없이 광고나 소문만 믿고 약을 남에게 쉽게 권하고, 만병통치약이라는 말에 귀가 솔깃해진다. 한편에서는 무엇이 믿을 만한 정보인지 구분하기 어렵다고 호소한다. 사람들은 왜 정부와 전문가의 말을 떠도는 소문이나 광고보다 신뢰하지 않을까? 이 책은 이런 의문에서 시작됐다. 그 이유를 나는 두 가지로 꼽아봤다.

우선 전문가와 사람들 사이의 물리적 · 심리적 괴리감이 크다. 긴 대기 시간 끝에 의사를 만났지만, 짧은 면담 시간에 쫓겨 궁금한 점은 물어보지도 못하고 돌아선 경험이 누구에게나 있을 것이다. 전문가에게 정보를 얻고 싶어도 그 문턱이 너무 높거나 어떻게 접근해야 하는지 방법을 모르는 사람이 대부분이다. 전문가 역시 사람들이 궁금해하는 질문에 모두 답하고 싶지만 무엇을, 어떻게 알려줘야 할지 막막함을 느낀다.

둘째는 그동안 많은 사람이 과잉 처방과 조제, 그리고 그로 인한 부작용을 겪어왔다는 것이다. 병을 진단하고 치료하는 전문가가 잘못된 판단으로 오히려 고통을 줄 수 있다는 점은 부인하기 어렵다. 병원에서 치료 효과를 보지 못한 사람들은 병원 밖에서 희망을 찾으려 한다. 이것이 바로 전문가를 신뢰하지 못하고, 비전문적 정보에 휘둘리는 이유다.

나는 이 책을 전문가와 비전문가인 일반 소비자 사이의 거리감과 인식 차이를 좁힐 목적으로 썼다. 또 약을 둘러싼 시중에 떠도는 잘못된 정보와 흔한 오해를 조금이나마 바로잡기 위해 썼다. 약과 건강에 대한 기초적인 지식과 개념을 알면, 사람들이 합리적으로 약을 선택할 수 있으리라는 기대감도 있었다.

이 책을 쓰는 일은 나에게도 큰 도움이 되었다. 나 같은 전문가가 갖춰야 할 태도와 입장을 다시 생각할 계기를 마련해줬기 때문이다. 약과 건강은 의사, 약사, 한의사, 영양학자, 보건학자 등 여러 전문가가 관여하는 영역이다. 제약업계와 식품 산업계, 농산물 생산자도 여기에 이해관계가 얽혀 있다. 또 보건과 의약품을 관리하고 정책을 세워 집행하는 것은 정부다. '약과 건강'이 이렇게 다양한 조직과 구성원이 얽힌 영역이라는 인식 아래 이 책을 썼고, 이해관계가 복잡한 만큼 되도록 객관성을 유지하려 애썼다. 지금까지 학자로서 평생 연구한 과학 지식과 검토한 자료들은 이 책의 토대가 되었다. 내가 이 책에서 옹호하거나 비판하는 논리도 모두 이런 학자적 양심, 그리고 과학적 근거를 기반으로 했다.

고대부터 현재까지,
질병과 싸우며 고군분투했던 우리의 이야기

19세기 중반 유럽 병원에서 많은 산모를 죽음으로 내몬 것은 더러운 수술 도구였다. 의사들은 간단한 소독만으로 여러 생명을 구할 수 있다는 주장에 격렬하게 저항했다. 의사들이 '소독'을 받아들이기까지 수많은 여성이 아이를 낳다 죽었고 또 그만큼 많은 생명이 태어나자마자 어머니를 잃었다. 이처럼 평균수명이 20세 안팎이던 시절부터 현재에 이르기까지, 질병의 원인을 찾고자 하는 과학자들의 집념은 약의 발견으로 이어졌다.

약을 발견하기 위한 과학자들의 도전 뒤에는 성취라는 보상도 있었지만 치명적인 실패, 죽음이라는 대가도 따랐다. 특히 혁신적인 발견을 이룬 과학자 대부분은 기득권자 또는 음모론과 싸워야 했고 이를 극복하기까지는 오랜 시간을 기다려야 했다. 그 지난한 투쟁을 거쳐 많은 과학자가 병의 원인을 밝히고 치료할 수 있는 약을 개발하여 2015년 인류의 평균수명은 71세에 이르렀다.

이 책의 1부는 우리가 약에 관해 가장 오해하고 있는 주제들로 꾸렸다. 줄리어스 시저는 "대중은 자기가 믿고 싶은 대로 믿는다"고 했다. 위약 효과라고 말하는 플라시보는 단순한 믿음인지, 아니면 과학인지를 고대의 민간요법부터 현대 임상의학까지 이어진 역사를 통해 알아보았다. 또한 설사를 하는 아이에게 죽이나 수프를 먹이는 동서양의 전통 민간요법이 매우 과학적이었음을 보여주는 실례로 경구수액제를 들어 살펴보았다. 요즘 사람들이 건강을 위해 먹는 것 중에 비타민을 빼놓을 수 없다. 이 책에서는 비타민에 얽힌 여러 오해와 진실을 과학적 시각으로 풀어보았다.

역사적으로 우울증을 바라보는 시각은 극과 극을 달려왔다. 우울증이 저주라고 믿었던 시대와 축복으로 여기던 시대를 거쳐, 20세기 이후에 들어서야 우울증은 비로소 질병으로 인식되었다. 현재까지 시대별로 우울증을 극복하기 위해 어떤 노력을 했는지, 현대 과학이 개발한 우울증 치료제와 넘어야 할 한계 등을 담았다. 끝으로 인류가 오랫동안 탐닉한 술이 우리 몸에서 어떻게 작용하는지와 술 깨는 약이 정말 효과가 있는지를 들여다보았다.

2부의 주제는 약이 가진 독성이다. 16세기 스위스 화학자 파라셀수스Paracelsus는 "자연계의 모든 물질은 독이며 독이 아닌 물질은 없다.

얼마나 먹느냐에 따라 약이 될 수도, 또는 독이 될 수도 있다"고 했다. 이 책에서는 약과 독을 정확하게 정의하고, 약이 우리 몸에서 어떻게 독이 될 수 있는지, 약이 독이 되면 어떤 위험이 따르는지를 명확히 알리고자 했다.

질병을 치료하고, 건강에 좋다고 믿었던 약이 독으로 변해 많은 사람을 다치게 한 대표 사례로 탈리도마이드 사건과 가습기 살균제 사건이 있다. 탈리도마이드 부작용으로 전 세계에 1만여 명의 기형아가 태어난 사건은 약 때문에 인류가 겪은 최대 재앙이었다. 20세기에 벌어진 탈리도마이드 사건을 이 책에서 새삼 조명하는 이유는 아직 해결되지 않은 가습기 살균제 사건이 여러 측면에서 21세기 탈리도마이드 사건과 판박이이기 때문이다. 가습기 살균제 사건과 같은 일이 다시는 일어나서는 안 된다는 절박함을 전하고자 그 내용을 별도로 다뤘다.

아편은 진통에 효능이 뛰어난 약이자 중독성이 강한 치명적인 독으로서 극단의 양면성을 지녔다. 아편 추출물로 만든 헤로인은 진통 효과가 뛰어났지만, 중독성이 강해 많은 사람의 정신과 육체를 망가뜨렸다. 최근 유행하는 디톡스는 과학이라고 보기 어렵다. 디톡스 제품이 우리 몸에 들어오면 이를 불필요한 물질로 받아들여 몸에 부담이 되기도 한다.

3부에서는 위대한 약의 탄생을 다뤘다. 2007년 〈영국의학저널BMJ〉은 지난 2000년 동안 인류에게 가장 많은 영향을 미친 10대 의료혁명을 뽑아 발표했다. 그 가운데 마취제, 백신, 항생제, 소독제, 항말리리아제가 질병으로부터 수많은 생명을 구한 가장 위대한 약으로 선정되었다. 이 다섯 가지 약이 인류를 구한 이야기를 통해 백신, 위생과 소독 개념, 세균론 등 과학사의 결정적 장면들을 엿볼 수 있다.

마취제가 개발되기 전에는 "수술을 하느니 죽는 게 낫다"는 사람이 있을 정도로 수술에 대한 공포가 극심했다. 하지만 마취제 덕분에 외과 수술은 혁신적으로 진보했다. 백신과 소독제 개념이 처음 발견되었을 때 엄청난 비난이 쏟아졌지만, 몇몇 깨어 있는 과학자들의 의지로 이들 개념이 발전되어 의학 역사에 중요한 획을 그었다. 질병의 원인은 세균이라는 세균론과 항생제의 발견은 질병이 나쁜 공기로부터 비롯된다고 여겼던 오랜 믿음을 뒤집은 역사적인 사건이었다. 말라리아로 죽는 사람은 매해 수만 명에 이른다. 말라리아 치료제를 발견한 이야기를 중심으로 인류가 말라리아를 퇴치하기 위해 고군분투해온 과정을 살펴보았다.

20세기 이후 생명 유지를 넘어 삶의 질을 향상시킨 대표적인 약으로 아스피린과 비아그라가 있다. 진통제로 유명했던 아스피린은 최근에 심혈관 질환을 예방하는 약으로 그 기능이 새롭게 밝혀졌다. 아스피린에 얽힌 논란과 최근까지 이어진 에피소드를 소개했다. 또한 전 세계적으로 큰 반향을 불러일으킨 비아그라를 통해 고대부터 시작된 성에 대한 인간의 끝없는 욕망의 역사를 살펴보았다.

4부는 약을 대하는 인간의 태도와 윤리를 과거와 현재 그리고 미래에 걸쳐 조망하고자 했다. 먼저 성분을 알 수 없는, 어떤 병이든 고쳐준다는 만병통치약에 의존했던 과거를 되돌아보았다. 우리는 어떤 약을 먹을지, 건강을 어떻게 돌볼지에 관해 전문가는 제쳐두고 스스로 판단하는 셀프 전문가가 되기도 하고 인터넷에 떠도는 슈퍼푸드, 건강기능식품, 의약품, 기타 민간요법에 대한 정보에 귀가 솔깃해지기도 한다. 누구의 말을 믿어야 할지, 건강을 위해 무엇을 먹어야 할지 어려움을 겪는 독자를 위해 식품과 건강기능식품, 약의 차이를 정확히 알리고 건강한 삶을 위한 대안을 제시하고자 했다.

4부에서는 현대 과학으로 인간은 몇 살까지 살 수 있는지와 노화를 어떻게 극복할지에 관해 최근 과학계에 일어난 논란과 일화도 담았다. 또 병들지 않고 건강한 삶을 살기 위해 믿을 만한 과학 논문에서 추천하는 생활 습관을 소개했다. 제4차 산업혁명에서 헬스케어 영역은 최대 관심사다. 수술로봇, 원격진료, 원격조제와 같은 인공지능이 개발, 도입되면서 의료 서비스가 변화할 전망이다. 약의 미래를 다루는 부분에서는 현재 의료 분야에서 인공지능 기술이 어디까지 왔는지, 앞으로 의사와 약사는 어떤 역할을 할 수 있는지를 다뤘다.

다양한 자료를 검토하는 과정에서, 같은 사실을 두고 자료마다 다르게 쓴 부분을 여럿 확인했다. 자료의 신뢰도를 높이기 위해 자연과학과 의학 분야 학술지에 실린 내용을 주요 근거로 삼았다. 특히 수많은 학술지 가운데 영향력이 큰 〈사이언스Science〉, 〈네이처Nature〉, 〈뉴잉글랜드 의학저널NEJM〉, 〈영국의학저널〉, 〈란셋〉 등을 우선 참고했다. 학술지뿐 아니라 미국 국립보건원NIH 같은 국가 기관에서 발표한 내용과 BBC, 〈뉴욕타임스The New York Times〉, 〈뉴스위크Newsweek〉, 〈타임스Thc Timcs〉 등 언론사에서 심층 보도한 내용도 가려 뽑았다. 이미 아는 지식도 전문 학술지에서 업데이트한 내용과 주요 언론의 보도 내용을 참고로 다시 점검했다.

2015년 겨울부터 시작한 집필 과정에 많은 도움을 준 푸른숲 출판사의 김수진 부사장과 조한나 대리에게 감사의 말을 전한다. 책의 구성을 짜며 아이디어를 주고받는 과정에서 새롭게 배우고 깨우친 부분이 많았다. 또한 다소 전문적인 내용을 읽고 보기 쉽게 다듬는 데 큰 도움을 받았다.

칼 세이건은 그의 히트작 《코스모스Cosmos》에 "현재를 이해하려면 과거를 알아야 한다"고 썼다. 나는 인류의 역사 속에서 약을 살펴보고 이해하는 것을 중요하게 여겼다. 약을 소재로 쓰긴 했지만 이 책은 죽음과 질병을 막으려는 간절한 바람이 미신에서 과학으로 진화해온 이야기이기도 하다. 수천 년 전에 미신으로 여겼던 것이 현대에 와서 과학으로 입증되기도 하고, 21세기에 등장해 과학이라고 여겼던 것이 거짓으로 밝혀지기도 한다. 우리가 믿는 사실이 언제든 틀릴 수 있다는 말이다. 하지만 질병의 고통을 없애고 더욱 행복하게 살고자 하는 인류의 열망과 과학을 향한 끝없는 호기심만은 변하지 않을 것이다. 독자들이 안전하고 건강한 삶을 영위하는 데 이 책이 조금이라도 보탬이 되기 바란다.

2017년 6월

정진호

차례

3 인류를 살린 위대한 약의 탄생

4 무병장수를 향한 끝없는 욕망

1

약을 둘러싼 오해와 진실

FLEGMAT
SANGVIN
MELANC
COLERIC

플라시보 효과, 믿음은 이렇게 약이 된다

초등학교 6학년 무렵 배가 너무 아파 뒹굴다가 병원에 갔는데, 얼떨결에 맹장 수술을 받은 적이 있다. 수술을 해야 한다는 말을 듣고는 엄청 겁이 났고 마취를 했음에도 참을 수 없는 통증이 몰려와 비명을 질러댔다. 그때 아버지가 손을 꽉 잡으면서 "너는 참을 수 있고 곧 건강해질거야"라고 말해주셨다. 그 말은 큰 위안이 되었고, 희미한 정신 속에서도 통증이 사라지는 듯했다. 지금 생각해보면 플라시보 효과가 작용했던 것 같다.

플라시보placebo는 효능이 확인된 약이 아닌 가짜로 만든 위약은 물론, 위약을 투여하는 것을 말한다. 위약의 모양은 일반 약과 유사하며, 밀가루와 설탕 등이 원료다. 플라시보에는 위약뿐 아니라 식염수 주사나 가짜 의료 기구 처치 또는 위장僞裝 수술 등이 포함되며 플라시보로 치료받는 환자는 치료가 가짜로 이루어지고 있음을 알지 못한다. 이렇게 실제로 질병을 치료하는 것은 아니지만 일반적으로 위약을 먹은 환자 가운데 약 35%에서 증상이 완화되는 효과가 나타나는데, 이를 플라시보 효과라고 한다. 여기서 인체가 가진 선천적인 면역력과 같은 자연 치유력과 플라시보 효과를 혼동해서는 안 된다.

미국 대통령도 믿었던 플라시보 치료법

'플라시보'라는 말은 1785년 《신新 의학사전New Medical Dictionary》에 의학 용어로 처음 등장했는데, 이때에는 '평범한 치료법 또는 약'이라는 의미로 쓰였다. 1811년에 들어와 플라시보가 '환자에서 효과를 주기보다는 기쁨을 줄 수 있는 약의 별칭'으로 정의되면서 비로소 현대의 플라시보가 가진 의미와 가장 가까워졌다.

18세기 말 미국인 의사 엘리사 퍼킨스Elisha Perkins는 특이한 금속 합금으로 제작된 약 8센티미터 길이의 날카로운 금속봉을 만들었다. 이 봉은 한의학에서 사용하는 침과 비슷했는데, 퍼킨스는 머리와 목 등의 통증과 염증 및 류머티즘 치료에 이 봉을 사용했다. 그는 통증 부위에 뾰족한 봉을 찔러 넣고 20분 정도 지나면 통증 뿌리 부위에 있는 독소가 빠진다고 주장하여 특허를 받았다. 그러자 코네티컷의사회는 이 치료법은 돌팔이 의사가 하는 짓과 다를 바 없다며 비난하면서 퍼킨스의 회원 자격을 박탈했다. **하지만 치료법에 동조하는 의사가 점차 늘어났으며, 미국 초대 대통령 조지 워싱턴도 이 금속봉 치료 세트를 구입했다.** 영국 일간지 〈타임스〉에는 "미국 대통령도 금속봉의 치료 효과를 인정했다"는 광고가 실리기도 했다. 금속봉 세트는 미국 및 유럽에서 매우 비싼 가격으로 팔려나갔다.

이 치료법을 의심하던 영국인 의사 존 헤이가드John Haygarth는 금속봉의 효과를 검증했다. 그는 천연두 확산을 막는 방법을 제시해 사망률을 현저히 낮춘 의사이기도 했다. 그는 류머티즘 환자 6명을 대상으로 임상 실험을 했다. 첫째 날 6명의 환자를 금속봉으로 치료한 뒤 그 가운데 4명이 통증이 감소했으며, 다음 날 나무 침으로 치료한 뒤에도 비슷한 결과를 얻었다. 그는 "금속봉을 사용하는 데서 교훈을 얻은 것이 있다면, 인체의 어떤 증상과 장애를 극복하기 위해서는 의지와 정신이 더욱 중요하다는 것이다"라고 말했다. 플라시보 효과를 임상 시험을 통해 처음 확인한 순간이었다.

20세기까지 플라시보는 위약, 식염수 주사, 수술 처치 등으로 광범위하게 사용되었다. 일부 의사들은 플라시보를 사용하는 것은 의술의 본질을 훼손하는 행위라며 반대했지만 대부분의 의사는 플라시보는 치료를 위해 불가피하다며 플라시보 사용을 지지했다.

1955년에 플라시보 효과를 다룬 논문 〈강력한 플라시보의 힘The powerful placebo〉이 발표되었다. 논문에는 15개 연구 사례가 나오는데, 대표적으로 무릎 통증 환자를 대상으로 한 실험이 있다. 연구진들은 무릎 통증 환자를 두 그룹으로 나누어 한 그룹에는 손상된 연골의 얇은 막을 제거하는 수술을 했지만, 나머지 한 그룹에는 마취를 한 뒤 무릎 관절 수술을 하는 흉내만 냈다. 실험 결과 놀랍게도 두 그룹에 속한 환자 모두 무릎 통증이 줄었고, 플라시보로 치료한 환자에게도 수술받은 환자와 동일한 통증 감소 효과가 나타났다.

플라시보를 사용했는데 두통과 멀미, 불안감, 변비 등과 같은 부작용이 생기거나 더 불편한 증상을 느끼는 경우도 있다. 플라시보를 처방했는데, 부작용이 나타나는 현상을 노시보nocebo 효과라고 한다. 같은 밀가루 약을 써도 환자가 증상이 좋아질 것이라고 기대하면 실제로 그렇게 증상이 나타나지만, 자신이 독한 약을 먹었다고 생각하면 부작용이 나타나는 것이다. 이렇게 플라시보 효과는 환자의 믿음이나 경험에 의존하는 경향이 있다.

의사를 만나기만 해도 증상이 좋아진다

플라시보라는 개념이 처음 생긴 이래로 의사들은 약 200년 동안 플라시보 효과의 신경생리학적 및 정신심리학적 메커니즘을 규명해왔다. 최근에는 정신mind—뇌brain—신체body의 삼각관계에서 플라시보 효과가 어떻게 일어나는지가 지속적으로 연구되고 있다. 정신—뇌—신체의 삼각관계에서 플라시보 효과가 일어나는 원리를 설명하는 대표적인 이론은 기대 효과expectation effect이론이다.

아픈 환자가 위약이나 위장 처치를 믿는 마음이 있으면 플라시보 효과가 나타난다. 위약을 투여하는 기간이 늘어나거나 위약의 가격이 비쌀수록, 하루에 위약을 2번 먹는 것보다는 4번 먹을 때 플라시보 효과는 높아진다. **약의 색깔도 플라시보 효과에 영향을 준다.** 황색 위약은 우울증 치료에 가장 효과가 있으며, 붉은색 위약은 환자의 정신을 깨어있게 하는 데 도움을 준다. 녹색 위약은 긴장을 푸는 데 가장 효과적이며, 흰색 위약은 소화 장애를 해결하는 데 효과가 있다. 또한 위약 표면에 상품명이나 로고가 찍혀 있으면 아무것도 찍혀 있지 않은 위약보다 효과가 크다.

위약이나 주사 그리고 위장 처치 없이도 플라시보 효과가 나타나기도 한다. 어떤 사람은 자신이 신뢰하는 의사를 방문하기만 해도 증상이 좋아지는 것을 느끼기도 한다. 그리고 신뢰하는 의사를 방문하는 횟수가 많을수록 플라시보 효과가 높아진다.

과거에 연구자들은 플라시보가 일으키는 정신심리학적 변화를 많이 연구했지만, 최근에는 신경생리학적 변화를 주목한다. **플라시보를 먹은 사람에게서 뇌가 활성화되고 뇌에서 엔도르핀이 분비되어 통증이 줄어드는 효과가 관찰된 것이다.** 환자가 플라시보를 먹을 때 증상이 좋아질 것이라고 기대하면, 실제로 엔도르핀이 분비되어 통증이 줄어드는 것을 느낀다. 예를 들어 통증이 심한데도 약간 불편한 정도의 따끔거림으로 생각하기도 한다. 그리고 대부분의 환자는 과거에 효과가 매우 좋았다고 기억하는 의료 처치를 받으면 기분이 좋아지고 증상이 나아진 것처럼 느낀다. 플라시보를 먹으면 인체 면역력에 변화가 생긴다는 연구 결과도 있다. 청소년들을 대상으로 한 연구에서 학생들이 스트레스를 받으면 면역 세포 활성이 억제되고, 질병이 치유되는 기간이 상당히 지연되는 반면에 플라시보를 투여하면 면역력이 높아진다고 한다.

플라시보는 환자가 과거에 약을 먹고 효과를 본 경험에 의존한다는 컨디셔닝 효과conditioning effect 이론으로 설명되기도 한다. 치매 환자에게 통증 치료제를 보통의 용량으로 처방하면 통증 완화 효과가 적게 나타난다. 치매 환자들은 약을 먹은 사실을 번번이 잊으며, 통증 치료제가 과거에 효과가 있었음을 기억하지 못하기 때문이다. 컨디셔닝 효과 이론을 뒷받침하는 다른 연구도 있다. 첫째 날에는 두 그룹 중 한 그룹에만 통증 치료제를 투여했다. 다음 날에는 두 그룹 모두에게 통증 치료제처럼 보이는 플라시보를 투여했다. 그 결과 첫째 날 통증 치료제를 먹은 그룹이 통증 치료제를 먹지 않은 그룹보다 통증에 반응하는 정도가 훨씬 낮아졌다. 전날 통증 치료제를 먹고 통증이 줄어든 경험을 기억해 플라시보를 먹을 때도 같은 치료 효과를 기대했기 때문이다. 동일한 연구에서 혈액 내 호르몬을 증가시키는 약을 투여받은 환자에게 며칠 뒤 플라시보를 투여하자 비슷한 수준으로 혈액 내 호르몬 수치가 높아졌다. 실제 약을 투여받지 못한 환자에게는 플라시보를 투여해도 혈액 내 호르몬 수치에 변화가 없었다.

현대 의학에서 플라시보는 어떻게 쓰이나

종합병원에서 '신약新藥 후보 물질 임상 시험 자원봉사자 모집' 이라는 공고를 본 적이 있을 것이다. 일반적으로 신약은 시험관 실험과 동물 실험, 임상 시험과 같은 여러 단계를 거쳐 개발되고 허가 기관의 승인을 받아 시판된다. 임상 시험 단계에서는 플라시보를 활용해 후보 물질의 효능과 부작용 여부를 평가한다. 임상 시험은 한 그룹의 피被실험자에게는 신약 후보 물질을 투여하고, 다른 그룹에는 플라시보를 투여한 뒤 결과를 비교하여 판정하는 방식으로 진행된다. 이 실험에서는 자원봉사자가 자신이 플라시보를 먹는지 모를뿐더러 의사도 어떤 환자에게 플라시보가 투여되는지 모르는 이중맹검법double blind test이 사용된다. 임상 시험에서 플라시보를 사용하면 환자들의 기대 효과를 최소화하고 의사들의 편견을 배제하여 약의 실제 효능을 정확히 판정할 수 있다.

질병을 치료하는 데 플라시보는 실제로 얼마나 쓰일까? **플라시보는 여러 질환을 치료하는 데 활용되지만 특히 통증 치료와 류머티즘 치료 및 우울증, 불안감, 수면 장애 등을 치료하는 데 많이 쓰인다.** 선진국 의사들은 치료나 약이 전혀 효과가 없을 때, 환자가 좌절감에 빠지지 않도록 플라시보를 사용하기도 한다. 2008년에 〈뉴욕타임스〉와 〈타임스〉에는 흥미로운 기사가 실렸다. 미국에서 의사들이 일상적으로 플라시보를 처방하는지 여부를 조사한 결과 약 50%의 의사가 플라시보를 쓴다고 응답했으며, 그중 96%의 의사는 플라시보가 치료 효과가 있다고 답했다. 즉 미국 의사들의 절반가량은 적절한 치료 방법이 없을 때 적극적으로 플라시보를 처방해야 한다고 믿고 있다.

유감스럽게도 국내에서는 질병을 치료하는 데 플라시보를 거의 사용하지 않는다. 미국은 의사가 처방과 조제를 모두 할 수 있기 때문에 의사의 판단에 따라 플라시보를 쉽게 쓸 수 있다. 하지만 국내에서는 신약을 임상 시험하기 위해서가 아니라면 병원에서 외래환자에게 플라시보를 처방해도 약국에서 플라시보를 조제할 수 없다.

플라시보에는 위약, 위장 치료뿐 아니라 의사와 약사에 대한 믿음 등 환자의 심리 상태를 좌우하는 요소가 복합적으로 작용한다. 또한 최근에 플라시보에 의한 정신과 신체의 상호작용이 점차 밝혀지고 있기 때문에 국내에서도 플라시보의 장점을 최대한 활용한다면 질병을 개선하는 데 많은 도움을 얻을 것이다. 우리 몸은 자연치유력과 환경에 적응하는 능력이 매우 뛰어나기 때문에 본인의 생각과 의지에 따라서 병을 낫게 할 수도 있고 악화시킬 수도 있다.

상당수 과학자들은 민간요법과 건강기능식품 등으로 자신이 건강해졌다고 느꼈다면 그것은 단순히 플라시보 효과일 뿐이라고 믿는다. 하버드 의과 대학 교수 허버트 벤슨Herbert Benson은 전 세계적으로 거머리, 도마뱀 등을 이용한 수많은 민간요법이 있는데, 이들 치료법이 어느 정도 효과가 있는 것은 이런 것을 먹으면 치료되리라는 믿음 때문이라고 말했다. 일반적으로 병원 치료와 양약이 효과가 없을 때 사람들은 민간요법에 의지하는데, 민간요법이 자신에게 효과가 있다고 강하게 믿으면 질병이 나아지는 효과가 적어도 일시적으로는 나타날 수 있다는 것이다. 이러한 결론은 건강기능식품과 민간요법을 플라시보와 함께 임상 시험을 해보면 그 효과가 플라시보 효과와 큰 차이가 없다는 과학적 근거에 기인한다. 하지만 플라시보도 증상을 완화시키기 때문에 어떤 방법을 택할지는 자기 자신에게 달려 있다.

비다민, 노벨상이 가장 사랑한 주제

외부 회의나 모임에서 약대 교수라고 소개하면 "건강을 위해 종합비타민을 먹어야 하나요?"라는 질문을 많이 받는다. 또한 학교에서 약대 학생에게 비타민 관련 강의를 하면, "나중에 약사가 되면, 약국을 찾은 환자에게 종합비타민을 권해야 하나요?"라고 묻는 학생들이 종종 있다. 간단히 답하기 매우 어려운 질문이지만 비타민에 대해 과학적으로 밝혀진 사실을 토대로 해답을 찾아보도록 하자.

4대 영양소만으론 부족해

인류는 기원전부터 잘 먹어야 건강을 유지한다는 것을 알았다. 처음에는 건강하고 기분을 좋게 만드는 음식에 어떤 성분이 들어 있는지 몰랐지만 오랜 시간 시행착오를 거치며 새로운 사실을 알아냈다. 고대 이집트인들은 야맹증에 걸렸을 때 소의 간을 먹으면 매우 효과가 좋다는 것을 알았으나 간의 어떤 성분이 야맹증을 낫게 하는지는 몰랐다. 1917년이 되어서야 야맹증은 비타민 A가 부족할 때 걸리며 간이 비타민 A의 중요한 공급원이라는 사실이 밝혀졌다. 또한 기원전 5세기경 히포크라테스는 잇몸 출혈과 심한 통증을 동반하는 괴혈병이 먹는 것과 관련 있다는 것을 알았다. 그는 "음식이 약이 되고 약이 음식이 되게 하라"는 영양학의 선구적인 말을 남겼다.

콜럼버스의 신대륙 발견 이후 유럽에서는 탐험의 시대가 열렸다. 바다를 항해하는 기간이 길어지자 괴혈병은 선원들이 흔히 앓는 병이 되었다. 1500년부터 300년간 선원 약 200만 명이 괴혈병으로 사망했다. **1747년 스코틀랜드 의사 제임스 린드James Lind는 괴혈병에 걸린 선원들에게 여러 종류의 음식을 먹여본 결과, 오렌지와 레몬이 괴혈병 치료에 효과가 있음을 알아냈다.** 하지만 오렌지와 레몬이 너무 비싼 탓에 괴혈병 치료제로 쓸 수가 없었다. 50년이 지나서야 영국 해군성은 해군의 음식에 오렌지와 레몬 대신 가격이 싼 라임 주스를 포함시키도록 했다. 당시에는 오렌지와 레몬, 라임에 든 비타민 C 성분이 생존에 꼭 필요한 요소임을 몰랐다.

인간이 생존하려면 음식물을 통해 탄수화물, 단백질, 지방, 미네랄 등 4가지 필수영양소를 섭취하면 된다는 학설이 19세기 말까지 자리잡고 있었다. 프랑스 화학자 장 바티스트 뒤마Jean-Baptiste Dumas가 처음으로 새로운 필수영양소가 존재할 수 있다고 말하기 전까지 말이다. 1871년 당시 프로이센 군대가 파리를 포위하자 도시에서는 외곽 농촌의 우유를 공급받지 못해 어린아이들이 죽어갔다. 뒤마는 우유를 대체할 식품을 4가지 영양소를 중심으로 만들어 유아들에게 먹였으나 대부분의 유아가 사망했다. 그는 이렇게 썼다. "생존에 필요한 4가지 영양소 성분이 포함된 대체 우유를 만들었지만 소용없었다. 생존에 필요한 새로운 물질, 아니 매우 소량일 수도 있는 필수 불가결한 성분이 존재할지 모른다." 19세기 말에는 파스퇴르와 코흐가 확립한, "모든 질병은 세균이 매개하며 전염성이 있다"는 세균론이 과학자들 사이에 널리 퍼져 있었다. 따라서 괴혈병과 각기병, 구루병 등은 비타민이 결핍되면 걸린다는 것을 밝히기까지는 꽤 오랜 시간이 걸렸다.

비타민은 어떻게 탄생했는가

1890년 무렵 네덜란드 군의관 크리스티안 에이크만Christiaan Eijkman은 인도네시아 자바에 파견되어 군인들 사이에서 전염병처럼 퍼진 각기병beriberi의 원인을 조사했다. 에이크만은 각기병의 원인을 세균으로 단정 짓고는 원인 균을 알아내려고 연구에 몰두했다. 하지만 그는 각기병에 걸린 군인의 혈액에서 세균을 찾아내지 못했다. 결국 군인의 혈액을 토끼 및 원숭이에 주사해 각기병에 감염시켜 백신을 만들 방법을 모색했지만 몇 년이 지나도 동물에게 각기병 증상이 나타나지 않았다.

많은 수의 동물로 실험한다면 각기병에 비교적 빨리 걸리는 개체를 알아내 치료법을 찾을 수 있다고 믿은 그는 연구소 지붕 밑에 큰 닭장을 짓고 닭을 키우기 시작했다. 얼마 뒤 군인의 혈액을 맞은 닭 대부분에게 각기병 증상이 나타났고 각기병으로 시들대던 닭은 아무런 치료도 하지 않았는데도 병에서 회복되었다. 에이크만은 닭이 회복된 이유를 곰곰이 따져보았다. 답은 닭이 먹는 사료에 있었다. 과거에는 입원한 병사들이 먹다 남은 흰쌀밥을 사료로 썼는데, 새로 온 요리사는 닭에게 도정되지 않은 현미를 먹였다. 닭이 현미를 먹은 때와 각기병에서 회복된 때가 일치한다는 것을 알아낸 에이크만은 다음과 같이 밝혔다. "백미 속의 탄수화물은 독소를 갖고 있지만 도정되지 않은 현미는 독소를 중화시키기 때문에 닭이 각기병에서 회복되었다." 그의 연구를 이어받은 동료 헤릿 그린스Gerrit Grijns는 "백미에 독소가 있는 것이 아니며 현미 속에 인간의 생존에 꼭 필요한 요소가 있다"는 새로운 결론을 내렸다.

1912년에 화학자 카시미어 풍크Casimir Funk는 각기병을 억제하는 성분을 쌀겨에서 분리해 이 성분이 질소 원소를 포함하는 아민기Amine group; -NH2 물질임을 알아냈다. 그러고는 결핍증을 유발하는 필수영양소가 적어도 4종류가 있다고 주장했다. 그는 이 필수영양소에 '생명'이라는 뜻의 'vita', 그리고 아민기를 포함하는 'amine'이라는 두 단어를 결합하여 'vitamine'이라는 이름을 붙였다. 그렇지만 모든 비타민이 아민을 포함하는 것이 아님이 밝혀지자 'e'를 빼서 현재의 '비타민vitamin'이 되었다.

풍크는 각기병의 원인이 되는 비타민의 구조를 정확히 확인하지는 못했다. 하지만 1926~34년에 네덜란드와 미국의 화학자들에 의해 비타민 B1(티아민)이 분리되고 비타민의 구조가 밝혀졌다. 1910년부터 약 40년간 13개 비타민(지용성 비타민 4개와 수용성 비타민 9개) 각각의 구조가 확인되어 비타민의 생리학적 기능과 역할이 규명되었다. 1929년에 노벨생리학상을 수상한 에이크만을 시작으로 1965년까지 비타민 연구로 17명이 노벨 생리의학상과 화학상을 받았다. 이로써 비타민은 노벨상 역사에서 가장 많은 수상자를 배출한 연구 주제가 되었다.

결핍 아니면 과다? 비타민 섭취에 중간은 없나

비타민은 탄수화물, 단백질, 지방과 달리 하루 요구량이 밀리그램, 마이크로그램 단위의 양으로 매우 적지만 생명을 유지하는 데 없어서는 안 될 영양소다. **비타민은 몸 안에서 만들어지지 않거나 만들어진다 해도 그 속도가 너무 느려 인체에 필요한 양을 충족시키지 못하기 때문에 음식물을 통해 얻어야 한다.** 섭취한 비타민은 몸속 생화학적 대사 반응에 관여해 생리 기능을 유지해준다. 한편 음식물로부터 얻는 비타민의 양이 부족해지면 비타민 결핍 증상이 나타난다.

비타민이 결핍되면 우리 몸에 다음과 같은 변화가 일어난다. 초기 단계에서는 인체 조직 안의 비타민 농도가 줄면서 세포 및 조직 기능이 정상적으로 작동하지 못한다. 두 번째 단계로, 비타민 결핍이 지속되면 피로, 짜증, 신경과민, 알레르기와 같은 증상이 나타나고 질병에 잘 걸린다. 마지막 단계로 비타민 결핍이 장기간 지속되면 잇몸에서 피가 나는 괴혈병이나 신경계 이상을 보이는 각기병 등의 증세가 나타난다. 기아와 영양부족에 시달리는 제3세계 국가를 제외하면 비타민 결핍으로 마지막 단계에 이르는 경우는 극히 드물다. 따라서 비타민 결핍이라고 하면 보통 초기 단계의 상태를 의미한다. 여러 종류의 음식을 골고루 잘 먹고 균형 잡힌 식사를 하는 사람은 비타민이 결핍될 확률이 매우 적다.

비타민 결핍은 식욕 저하, 편식, 만성 소화관 질환 등으로 인해 몸 안으로 공급되는 비타민이 부족해지거나, 성장, 신체 활동 증가, 임신, 수유, 질병 회복 등으로 몸 안에서 필요로 하는 비타민 양이 늘어날 때 나타난다. 따라서 한창 성장 중이며 신체 활동이 활발한 유아 및 청소년, 다이어트를 하는 젊은 여성, 만성질환을 앓아 식욕이 떨어진 노년층, 태아가 성장하는 임산부일수록 비타민이 결핍될 위험성이 높다. 흥미롭게도 알코올의존자는 비타민이 몸 안으로 잘 흡수되지 않기 때문에 모든 비타민이 결핍되는 반면에 흡연자는 비타민 C만 결핍되는 것으로 나타난다. 비타민이 결핍될 위험성이 있는 인구 계층에서는 영양소를 충분히 섭취하고 필요하다면 비타민제를 먹음으로써 비타민 결핍을 예방할 수 있다.

그러나 일부 비타민제는 너무 많이 먹으면 심각한 부작용을 겪을 수 있다. 일반적으로 물에 녹는 수용성 비타민은 몸에 잘 쌓이지 않고 쉽게 배설되기 때문에 많이 먹어도 부작용이 적다. **하지만 기름에 녹는 지용성 비타민은 필요 이상의 양을 먹으면 몸 안에 쌓이기 때문에 부작용으로 비타민 과다증을 유발할 수 있다.** 지용성 비타민 A를 필요량 이상으로 먹으면 간이 손상되거나 근육 통증 같은 부작용이 생기는데, 특히 임산부인 경우에는 기형아를 출산할 위험성이 매우 높아진다. 지용성 비타민 D

역시 몸 안에 많이 쌓이면 세포 및 조직 괴사가 일어나며, 몸속에 칼슘이 많아져 골격 근육과 심장 근육의 비정상적인 수축을 일으킨다. 이처럼 비타민 A, D는 결핍과 부작용 사이에 존재하는, 복용해도 괜찮은 영역인 안전역safety margin이 좁아 조금만 많이 먹어도 부작용이 생길 수 있다.

수용성 비타민은 많은 양을 먹어도 부작용이 적은 편이지만, 비타민 B6와 엽산은 예외다. 비타민 B6는 너무 많이 먹으면 감각과 신경 장애를 일으킨다고 알려져 있다. 임산부의 경우 엽산 결핍증과 과잉 섭취 사이의 안전역이 너무 좁아 양을 조금만 잘못 조절해도 결핍증과 과잉 섭취의 문제에 부딪히기 쉽다. 이를테면 성인 여성의 엽산 하루 권장 섭취량은 0.4밀리그램이지만 엽산 결핍으로 인해 기형아를 출산할 위험성 때문에 임산부의 하루 권장 섭취량은 50%가 많은 0.6밀리그램이다. 그런데 엽산을 1밀리그램 이상으로 과잉 섭취해도 기형아를 출산할 수 있다고 한다. 이런 이유로 선진국에서는 임산부가 비타민제를 먹을 경우 의사의 처방에 따라 임산부용 전문 비타민제를 먹도록 권한다.

비타민, 무엇으로 얼마나 섭취해야 할까

비타민 결핍을 막고 건강을 유지하기 위해서는 음식물을 통해 비타민을 하루 권장 섭취량 수준으로 먹어야 한다. 제2차 세계대전 당시 미국 과학한림원은 처음으로 권장 섭취량RDA을 만들어 매일 어떤 영양소를 어느 정도의 양으로 먹어야 하는지를 정해, 5년 또는 10년 주기로 그 내용을 수정해왔다. 1997년부터는 영양 섭취 기준을 도입해 권장 섭취량뿐 아니라 충분 섭취량AI과 상한 섭취량UL 자료를 웹사이트에 올린다.

과거에는 비타민 결핍증을 예방하기 위해 이들 자료를 이용했다. 요즘에는 건강 유지 및 만성질환 예방, 과잉 섭취의 부작용 예방과 같은 여러 목적을 위해 새로운 영양 섭취 기준이 마련되었다. 하루 권장 섭취량은 건강한 사람의 97~98%가 먹어야 하는 수준의 비타민 필

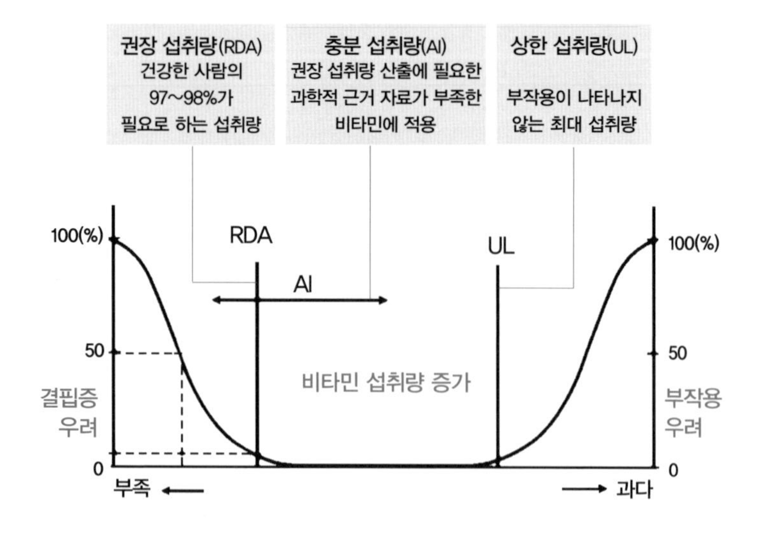

비타민 권장 섭취량

하루 권장 섭취량은 건강한 사람의 97~98%가 먹어야 하는 수준의 비타민 필요량을 말한다. 비타민 섭취량이 충분 섭취량은 넘지만 상한 섭취량보다 적으면 특별히 해롭지도 않지만 유익하지도 않다. 하지만 비타민 섭취가 상한 섭취량을 넘어서면 오히려 부작용이 나타날 수 있다.

요량을 말한다. 그리고 충분 섭취량은 정확한 권장 섭취량을 산출하는 데서 과학적 근거 자료가 부족한 비타민, 예를 들어 비타민 K와 비오틴 등에서 사용되며, 상한 섭취량은 부작용이 나타나지 않는 최대 섭취량을 말한다. 따라서 섭취량이 충분 섭취량은 넘지만 상한 섭취량보다 적다면 특별히 해롭지도 않지만 유익하지도 않다.

영양 섭취 기준은 연령이나 남녀, 임신 또는 수유 여부에 따라 비타민 필요량에 차이가 있기 때문에 계층별 수치로 표기된다. 대부분의 비타민 권장 섭취량은 유아가 성장함에 따라 점차 수치가 높아지다가 성인이 되면 최대량에 이르며 임산부는 성인 여성에 비해 그 수치가 높다.

보건복지부에서 관리하는 한국인 영양 섭취 기준은 인터넷에서 쉽게 찾아볼 수 있다. 영양 섭취 기준과 먹는 식품의 양에 따른 비타민 함량을 알면 하루에 비타민을 얼마 정도 섭취하는지를 알 수 있다. 예를 들면 **비타민 A는 고구마에 가장 많은데, 찐 고구마 3개를 먹으면 하루 비타민 필요량의 5배를 섭취하는 셈이다.** 또한 우유 250밀리리터에는 비타민 A 하루 권장 섭취량의 6분의 1이 들어 있다.

비타민은 만병통치약이 아니다

과잉 섭취 논란이 가장 거셌던 비타민은 수용성 비타민 C이다. 미국 생화학자 라이너스 폴링Linus Pauling은 감기를 예방하려면 많은 양의 비타민 C를 먹어야 한다고 주장했다. 그는 《비타민 C와 감기Vitamin C and the Common Cold》에서 자신이 평소에는 감기에 자주 걸렸지만 비타민 C를 3그램(당시 권장 섭취량의 50배)으로 시작해 6그램, 12그램으로 늘려 먹자 감기에 잘 걸리지 않았다고 밝혀 많은 논란을 불러일으켰다. **먹은 비타민 C의 양이 12그램이면 이는 타이레놀 24개를 먹을 때와 같은 양이다.** 폴링은 과학적 근거 자료보다는 개인의 경험을 앞세워 자신이 옳다고 주장하며 비타민 C 관련 운동을 벌였고, 이를 계기로 세계 곳곳에 비타민 C 신봉자들이 생겨났다.

비타민 C가 사람에게 꼭 필요한 영양소인 것은 분명하지만 권장 섭취량 이상을 먹으면 혈액 내에서 포화되어 몸 밖으로 모두 배설되기 때문에 많은 양의 비타민 C를 복용할 필요가 없다. 성인 남성과 여성을 기준으로 하루 비타민 C 권장 섭취량은 100밀리그램이다. 노인도 성인의 권장 섭취량과 비슷하며 임산부는 10밀리그램, 수유부는 40밀리그램이 더 필요하다. 비타민 C는 과일과 야채에 많이 들어 있다. 키위 한 개에 64밀리그램, 딸기 한 알에 10밀리그램 정도가 포함되어 있다.

최근 인터넷으로 '비타민'을 검색해보면 비타민 D가 우선순위로 뜬다. 비타민 D 열풍을 일으킨 사람은 마이클 홀릭Michael Holick 박사로 비타민 D 분야의 대표적인 과학자다. 그는 자신의 책에서 전 세계적으로 비타민 D 결핍 인구가 상당히 많다고 했다. 또한 비타민 D가 부족하면 통증과 피로에 시달리고 만성질환과 겨울철 감기에 걸릴 위험성이 높아지기 때문에 이를 예방하기 위한 3단계 방법으로 적절한 햇빛 노출, 비타민 D제 복용, 음식물 섭취 등을 제시했다. **비타민 D의 새로운 기능이 밝혀지고 있지만 따로 비타민 D제를 먹는 것이 만성질환을 예방한**

다고 보기에는 과학적 근거가 부족하다. 건강보험심사평가원은 2014년 기준으로 비타민 D 결핍으로 인해 진료를 받아야 하는 인구는 50대 24.1%, 40대 18.5%, 60대 13.8% 순이라고 발표했다. 50세 이상, 특히 폐경기 여성은 골다공증에 걸릴 위험성이 높기 때문에 비타민 D를 충분히 섭취해야 한다. 성인 남성과 여성의 하루 비타민 D 충분 섭취량은 10마이크로그램이지만 65세 이상은 15마이크로그램이다.

종합비타민제 먹어야 할까

종합비타민제는 균형 잡힌 건강한 식사를 대체할 수 없다. 식품에는 비타민뿐 아니라 건강 유지를 위한 다양한 천연 성분이 들어 있기 때문이다. 하지만 비타민 결핍 위험 계층에 속해 있거나 정상적인 식생활이 어려운 경우, 전문가의 상담을 받아 비타민들이 권장 섭취량 수준으로 들어 있는 종합비타민제를 먹을 수 있다.

여러 설문 조사에서 국내 인구의 3분의 1가량의 사람들이 종합비타민제를 먹은 적이 있다고 한다. 국내외 제약 회사에서 종합비타민제를 권하는 이유는 무엇일까? 이는 비타민 결핍을 예방하는 것과는 다른 차원에서 이해할 필요가 있다. 인간은 나이가 들면서 당뇨병, 암, 동맥경화, 백내장, 치매와 같은 만성 퇴행성 질환을 앓게 된다. 이렇게 몸이 노화되면서 질병에 걸리는 것은 유전적 요인도 있지만 몸 안에 활성산소free radicals가 많아지기 때문이기도 하다. 세포 및 조직이 노화됨에 따라 활성산소가 점점 많아지고, 이것이 DNA, 단백 효소와 세포막 지질脂質을 공격해 만성 퇴행성 질환을 일으킨다는 것이 활성산소 이론이다. 따라서 만성질환을 예방하기 위해서는 활성산소를 없애주는 항산화제antioxidants를 먹어야 한다고 비타민 산업계는 주장한다.

대표적인 항산화제로는 비타민 A, C, E 및 우리 몸 안에서 비타민 A로 바뀌는 베타카로틴이 있다. 음식물 중에는 주로 녹황색 채소에 많이 들어 있다. 임상 영양 전문가들은 균형 잡힌 식사를 통해 권장 섭취량을 먹으면 충분히 건강을 유지할 수 있다고 말한다. 반면 비타민 산업계는 일상적인 식사로는 권장 섭취량에 이를 수 없기 때문에 건강을 유지하기 위해서는 비타민을 더 많이 먹는 것이 좋다고 주장한다.

국내외에서 판매되는 수많은 비타민제의 항산화 비타민 함유량을 보면 권장 섭취량 수준부터 그 수준의 10배가 들어 있는 등 그 양이 천차만별이다. 현명한 소비자라면 자신이 먹는 비타민제에 든 비타민 용량이 권장 섭취량의 몇 배 수준인지 그리고 상한 섭취량을 초과하는 것은 아닌지를 먼저 알아보아야 할 것이다.

대부분의 사람이 비타민은 몸에 해롭지 않아 많이 먹어도 상관없다고 생각한다. **그러나 비타민제를 많이 먹으면 해로울 수 있다는 연구 결과들이 잇달아 발표되고 있다.** 1994년 〈뉴잉글랜드 의학저널〉은 항산화 비타민을 다룬 충격적인 연구 결과를 실었다. 핀란드에서 흡연자 2만 9000명을 대상으로 항산화 비타민 E와 베타카로틴을 5~8년간 매일 먹게 했는데, 이들에게서 폐암과 심혈관 질환으로 사망할 확률이 오히려 높게 나타났다. 1996년 같은 학술지에 실린 또 다른 연구로 석면에 노출된 사람들과 흡연자 1만 8000명을 대상으로 항산화 비타민 A와 베타카로틴을 매일 먹게 했는데, 이들의 사망률이 46%로 높아졌다. 결국 실험은 중도에 끝났다.

21세기에 들어서도 종합비타민제를 먹을 필요가 있는지에 의문을 제기하는 결과들이 잇달아 발표되었다. 2004년에 비타민 인체 시험과 관련한 논문 14편을 분석한 결과, 소화관 암을 예방하기 위해 항산화 비타민 A, C, E와 베타카로틴 및 미네랄 복합 보조제를 먹는 사람에게 실제적으로 암 발병률이 더 높아졌다. 2005년에 13만 6000명을 대상으로 한 연구에서 항산화 비타민 E는 사망률을 높인다는 내용이 발표되었다. 같은 해 〈미국의학협회저널JAMA〉은 혈관 질환 및 당뇨병 환자에게 장기간 비타민 E를 투여해도 암이나 심혈관 질환이 예방되지 않으며 오히려 심장마비 위험이 증가한다고 주장했고, 2011년에도 비타민 E제를 너무 많이 먹으면 전립샘암에 걸릴 확률이 높아진다는 연구 결과를 실었다. 또한 2012년에는 항산화 종합비타민제가 만성질환을 예방한다는 증거가 없으며 베타카로틴과 비타민 E는 오히려 사망률을 높일 수 있다고 밝혔다. 연구 결과가 이러한데, 미국 정부는 왜 성인병 예방에 별 효과가 없으며 부작용 위험만 있는 종합비타민제 과잉 섭취를 경고하거나 규제하지 않을까?

미국 식품의약품안전청(FDA, 이하 FDA)는 의약품의 경우 효능이 있고 큰 부작용이 없음을 입증해야만 허가를 내준다. 또한 의사와 약사, 제약 회사로 하여금 의약품을 잘못 사용하면 항상 부작용이 따른다는 내용을 반드시 알리도록 한다. 그러나 비타민제나 건강기능식품은 그 효능을 입증할 필요가 없으며 시판 뒤 부작용이 생기면 그때가 되어야 비로소 규제를 한다. 따라서 종합비타민을 먹고 소비자가 부작용을 호소하지 않는 한, 10만 명 이상을 대상으로 한 최근의 연구 결과만 가지고는 규제하지 않는 것이다.

우리는 곳곳에서 비타민제의 효능을 선전하는 많은 정보와 광고의 홍수 속에서 살고 있다. 이제 종합비타민제를 먹는 것은 과학에 근거하기보다는 비타민제가 건강을 가져다줄 것이라는 믿음과 관련된 문제이며, 비싼 돈을 주고 얻은 이러한 믿음은 플라시보 효과처럼 건강에 긍정적으로 작용함을 부인할 수 없다. 본인의 영양 상태를 따져보았을 때 술, 담배로 인해 부족한 비타민이 있는 사람이나 비타민 결핍 위험 계층(임산부, 노인층, 청소년)에 속한 사람이라면 비타민제를 먹을 수 있지만, 많이 먹는다고 좋은 것은 아니며 오히려 부작용 위험성이 높아질 수 있음을 염두에 두어야 한다.

FDA도 막지 못한 비타민 열풍과 프록스마이어 법의 탄생

1972년 미국에서는 국민들이 비타민을 맹신하면서 고용량 비타민제를 먹는 것이 유행처럼 번졌다. 이에 FDA는 알약 하나에 권장 섭취량의 150%가 넘는 종합비타민제를 규제하겠다는 계획을 발표했다. 이제 비타민 제조 회사에서는 고용량 비타민인 메가 비타민제를 판매하기 전에 국민에게 그 안전성을 증명해야만 했다.

심각한 위협을 느낀 비타민 산업계 경영진들이 로비에 나서 민주당 상원위원 윌리엄 프록스마이어William Proxmir를 부추겨 규제 방안을 원천 봉쇄하는 입법안을 발의했다. 1974년에 열린 청문회에서 FDA 규제 계획에 찬성하는 소비자연맹의 변호사 마샤 코헨Marsha Cohen은 증언대 위에 주황 메론인 캔터롭 8개를 놓은 뒤 이렇게 말했다. "캔터롭 8개를 모두 먹으면 비타민 C 1000밀리그램(권장 섭취량의 10배)을 먹게 되며 이 양은 작은 알약으로 된 비타민제 2개를 먹었을 때의 양과 같다. 이 법안이 통과되면 알약 2개로 캔터롭 8개 모두를 먹는 것과 같은 비타민 C를 섭취하게 되며, 음식과 달리 알약은 포만감을 주지 않기 때문에 하루에 20개를 먹을 수도 있다." 코헨은 비타민 제조 회사에서는 많은 양의 비타민을 먹으면 건강에 좋다고 강조하지만, 균형 잡힌 식사를 하지 않으면 메가 비타민제를 먹는 것이 오히려 건강을 해칠 수 있음을 지적했다.

소비자 연맹뿐 아니라 미국국립과학원, 의사회, 약사회, 영양학회, 임상영양학회 등 여러 학술 단체에서도 규제 방안을 원천 봉쇄하는 입법안에 반대한 반면에 일부 단체는 찬성했으며 입법안에 찬성하는 내용의 편지 100만 통이 의회에 접수되기도 했다.

한 달 뒤 입법안은 81:10으로 통과되었고 이 법안은 지금까지도 '프록스마이어 법'이라 불린다. 비타민 과잉 섭취를 규제하는 방안은 프록스마이어 법으로 완전히 그 길이 막혀버려 다시는 논의되지 못했다. 이 법안으로 "비타민을 조금 먹어도 좋지만, 더 많이 먹으면 더욱 좋다"라는 메가 비타민 신봉자들의 생각이 더욱 견고해졌다. 수십 년이 지난 뒤, 하버드 법대 피터 허트Peter Hutt 교수는 "이 법은 미국 FDA 역사상 가장 굴욕적인 패배였다"고 말했다.

최근 최고 권위의 의학 학술지가 수만 명을 대상으로 한 비타민 연구 결과를 발표했지만 미국 FDA는 여기에 반응하지 않고 있다. FDA는 '프록스마이어 법'을 뒤집을 수 있을 더욱 중요한 연구 결과를 기다리고 있는지도 모른다. 과학자들은 항산화 종합비타민제의 효능과 안전성에 관한 연구를 지속적으로 하고 있으며, 향후 미국 FDA가 어떤 연구 결과에 어떻게 반응할지 주목하고 있다.

우울증 약은 위험하지 않을까

네덜란드 후기인상파를 대표하는 화가 빈센트 반 고흐는 생전에 화가로서 널리 인정받지는 못했지만 서양 미술사에서 가장 위대한 화가 가운데 한 사람으로 추앙받고 있다. 그러나 그는 평생 우울증으로 불행한 삶을 살았다. 우울증이 심각한 상태에 이르러 "나는 미쳤거나 아니면 뇌전증(간질) 환자다"라는 내용의 편지를 쓰고 자신의 왼쪽 귀를 잘라버리기까지 했다. 뇌선증에는 통상적으로 우울증이 따른다. 그는 우울증을 치료하기 위해 주치의 폴 가셰Paul Gachet가 추천한 약초인 디지털리스를 먹기도 했다.

고흐는 1890년 37세에 자살로 생을 마감하기까지 640여 점의 그림을 그렸는데 〈해바라기〉, 〈밤의 카페〉, 〈별이 빛나는 밤〉 등 노란색 톤이 두드러진 작품이 많았다. 1981년 〈미국의학협회저널〉은 고흐가 후기 그림에서 노란색을 특히 많이 썼는데, 디지털리스의 부작용으로 사물 주위가 노랗게 보이는 황시증xanthopsia을 앓아 사물의 색을 구분하기 어려웠기 때문이라고 주장했다. 이 주장은 많은 사람을 충격에 빠트렸다.

학자들은 이러한 주장을 면밀하게 분석하기 위해 먼저 19세기 후반 프랑스에서 많이 마셨던 술인 압생트absinthe와 고흐의 시신경 장애와의 관련성을 검토했다. **우울증을 앓았던 고흐는 작품 속에 녹색의 압생트 술병을 그려 넣을 정도로 압생트에 탐닉했다.** 압생트는 높은 도수의 알코올에 약초에서 추출한 정유essential oils를 넣어 만든 술이다. 정유 속에 든 주요 성분이 고흐를 환각 상태에 빠뜨려 뇌에 영향을 줄 가능성은 있었지만 시신경 장애와의 관련성은 찾을 수 없었다. 디지털리스의 부작용을 알고 있던 가셰 박사가 약을 주의해서 사용했기 때문에 약초 부작용도 아니었다. 학자들은 황시증은 흰색과 노란색을 구별하지 못하고 청색이 녹색으로 보이는 증상인데, 고흐 작품 속에 쓰인 노란색과 흰색은 균형이 잘 맞고 고흐가 작품 속에서 청색도 자유롭게 표현했음을 주목했다. 고흐 그림의 노란색 톤은 시신경 장애와는 관련이 없으며 '예술적 감각에 의한 창조적인 선택'이었던 셈이다.

수많은 예술가가 앓았던 기분장애

그렇다면 고흐가 앓던 우울증이 위대한 작품을 탄생시키는 데 기여했을까? 1995년에 과학 잡지 〈사이언티픽 아메리칸Scientific American〉은 창조성과 우울증 또는 조울증 같은 기분장애 정신질환 사이의 상관성을 과학적으로 분석했다. 우울증은 흔히 우울감, 무기력, 짜증, 집중력 저하, 불면증, 두통 등의 증상이 2주 이상 지속되는 질환이다. 반면에 조울증은 기분이 들뜨는 조증과 기분이 가라앉는 우울증이 주기적으로 나타나 '양극성 기분장애'라고 부른다. 구스타프 말러, 어니스트 헤밍웨이, 헤르만 헤세, 에지라 파운드, 테네시 윌리엄스, 마크 트웨인 등이 우울증 또는 조울증 같은 기분장애 정신질환을 앓았다. **또한 1705~1805년에 태어난 영국의 저명한 시인 36명을 조사한 결과, 조울증 빈도가 일반인보다 30배가 높았으며, 20세기 추상표현주의 화가의 절반은 우울증이나 조울증을 앓았고 자살률도 일반인보다 13배나 높았다.** 한 과학자가 작곡가 슈만이 일생 동안 썼던 작품과 조울증 발생 시점을 비교한 결과, 조울증이 생겼을 때 작품 활동이 매우 왕성했고, 가장 유명한 피아노 협주곡도 이때 완성했던 것으로 나타났다.

기분장애가 창조적 작품 활동에 어떻게 기여하는 것일까? 첫째로 기분장애는 생각의 양과 질을 동시에 증가시켜 예리하게 사고하도록 한다. 조울증 환자의 언어능력을 분석해보면, 두운과 각운 사용, 특이한 난어 사용, 난어 소합 능력이 소울증 증상이 나타날 때 현저히 높아진다. 이러한 인지능력 변화는 연상을 독특하게 하는 데 도움을 줄 수 있다. 또한 우울증과 조증이 주기적으로 반복되면서 생각의 위축과 확장, 주관의 결여와 적극성, 행동의 망설임과 분명함 등과 같은 내적인 혼란을 겪으며 고정된 사고에서 벗어나 변화와 창조의 통찰력을 가질 수 있다. 결론적으로 예술가와 문학가가 경험하는 기분장애는 위대한 작품이 만들어지는 데 상당 부분 기여하는 셈이다.

축복과 저주 사이에서 롤러코스터를 탄 우울증

우울증은 현대사회에 들어와 비로소 정신질환으로 분류되었다. 하지만 그 전까지 우울증은 때로는 저주로 때로는 축복으로 인식되어왔다. 히포크라테스는 우울증을 그리스어로 멜랑콜리아melancholia라고 불렀는데, 이는 체액 중에서 흑담즙이 지나치게 많은 상태를 뜻했다. 히포크라테스는 인간의 몸에는 4가지 체액인 혈액, 점액, 황담즙 및 흑담즙이 있고 체액의 균형이 깨질 때 병에 걸린다고 믿었다. 따라서 흑담즙이 많아질수록 심각한 멜랑콜리아에 빠지며 약초를 써서 흑담즙을 원래 상태로 되돌려놓아야 한다고 했다.

히포크라테스는 의학서에 최초로 우울증이 비정상적인 뇌에서 생겨난다고 기록해놓았다. 또한 그리스 철학자들은 흑담즙이 조금 많은 상태인 경증 멜랑콜리아는 천재성과 창조력을 발휘하게 해준다고 믿었다. 아리스토텔레스는 《문제집Problema》 제30권에서 철학자 플라톤과 소크라테스가 경증 멜랑콜리아의 증상인 괴팍한 성격을 갖고 있는데, 이 성격이 독특한 행동과 숭고한 사상의 근원이 되었다고 말하기도 했다.

5세기에 수도승 존 카시안John Cassian은 멜랑콜리아, 즉 멜랑콜리를 '대낮의 귀신'이라고 불렀으며 우울증 환자는 가족과 친구로부터 외떨어져 자신이 저지른 죄악에 대한 벌로 힘든 노동을 해야 한다고 주장했다. 이처럼 종교가 지배했던 시대에는 나태와 태만에서 생기는 죄악 때문에 우울증에 걸린다고 믿었다.

이후 르네상스 시대에는 시, 수필 등의 문학작품에서 멜랑콜리를 찬미하는 것이 유행처럼 번졌다. **귀족과 지식인은 멜랑콜리 기질을 자랑스럽게 여겼으며 작가들은 작품 속에서 야누스적인 인간의 내면을 적극적으로 묘사했다.** 1621년 영국의 로버트 버턴Robert Burton은《우울의 해부The Anatomy of Melancholy》에서 멜랑콜리한 인간의 감정과 생각을 다양한 각도에서 예리하게 파헤쳤는데, 그는 특히 멜랑콜리가 창조성을 가져다주는 축복임을 강조했다. 또한 멜랑콜리는 음악이나 춤을 통한 정신적 치료와 더불어 월계수, 센나senna와 같은 약초를 사용해 치료할 수 있다고 말했다. 르네상스 시대의 연극에서도 멜랑콜리가 소재로 자주 등장하는데 침울하며 기분 변화가 심한 주인공을 통해 인간의 내면을 파헤친 셰익스피어의《햄릿》이 대표적이다.

18세기 후반 과학과 기술이 발전하면서 멜랑콜리를 보는 시각이 또다시 바뀐다. **몸을 기계가 돌아가는 원리에 대입해 멜랑콜리를 혈류량이 적어지고 피부 탄성이 감소해 일어나는 인체 오작동이라고 생각한 것이다.** 영국 의사 조지 체이니George Cheyne는 멜랑콜리가 산업화가 가져다준 편안함과 풍요로움 때문에 생긴 병이며 증상을 없애려면 강인한 인간을 만드는 스파르타식 채식을 해야 한다고 주장했다. 이처럼 당시 사람들은 멜랑콜리 환자를 그들이 안온함을 느끼는 환경으로부터 격리하고 노동이나 운동을 통해 우울감을 없애야 한다고 생각했다. 1704년 런던에서 우울증 전문 치료사가 있는 사립 정신병원이 생겼고 그 뒤로 점차 늘어나 1800년에는 40여 개에 이르렀다.

19세기는 논리와 과학적 사고보다는 감정과 상상력이 강조되는 낭

만주의 시대였다. 따라서 증상이 심하지 않는 한 멜랑콜리는 싸워서 없애기보다는 생의 한 부분으로 받아들여야 한다고 생각했다. 또한 사람들은 내면의 고통과 슬픔, 분노를 창조적 천재성과 예리한 통찰력을 가져다주는 원천으로 생각해 우울감을 긍정적으로 보았다. 영국의 천재 시인 바이런은 자신의 음침한 기분을 '무서운 재능'이라고 불렀으며, 비극적 삶을 살았던 덴마크 철학자 키에르케고르는 "내 안에 숨어 있는 멜랑콜리 때문에 내 생을 사랑한다"고 말했다. 멜랑콜리가 자신의 삶의 일부분이라는 생각은 낭만주의 시대 작품에서 많이 볼 수 있다.

히포크라테스 시대부터 19세기에 이르기까지 멜랑콜리에 대처하는 사람들의 태도와 사회적 인식은 롤러코스터처럼 극과 극을 달려왔다. 적절한 치료제가 없었으며 우울감을 병으로 보아야 할지가 명확히 규정되지 않아 환자들은 의사에게 치료받기보다는 예술 활동을 통해 멜랑콜리를 극복해야만 했다. 특히 19세기까지는 우울증을 치료할 수 있는 약이나 우울증을 설명해주는 의학이나 심리학이 발전하지 않아 정신과 의사에게 현대의 정신과 의사와 같은 권위가 없었다. 20세기에 들어서야 우울증 치료에 심리요법과 약물치료법이 도입되었다.

우울증 치료에 최초로 약이 등장하다

20세기에 정신심리학이 발전하면서 멜랑콜리는 치료가 필요한 정신질환이라는 인식이 확립되었다. 또한 **이때부터 정신과 의사들은 멜랑콜리**

를 우울증이라고 부르기 시작했다. 현대 정신의학의 기둥이라 할 수 있는 에밀 크레펠린Emil Kraepelin과 지그문트 프로이트Sigmund Freud는 같은 해에 독일과 오스트리아에서 각각 태어났다. 두 학자는 서로의 이론을 비판하며 신경전을 벌였지만 평생 한 번도 만난 적이 없었다.

애도와 멜랑콜리

1917년에 프로이트는 《애도와 멜랑콜리Mourning and Melancholia》에서 애도와 멜랑콜리가 기분장애로서 증상은 비슷해 보이지만, 애도는 상실감으로부터 생겨나는 반면 멜랑콜리는 특별한 이유 없이 무의식적으로 일어난다고 말했다. 또한 애도는 슬픔에서 빠져나올 때까지 내버려두면 특별한 치료없이 회복될 수 있지만, 멜랑콜리는 나르시시즘이나 일방적 사랑과 같이 무의식에서 우울감을 불러일으키는 원인을 찾아내어 심리치료를 하는 것이 필요하다고 주장했다.

크레펠린은 입원 및 외래 정신병 환자 수천 명을 치료하면서 우울증을 조현병과는 다른 정신질환으로 보았으며, 우울감의 정도에 따라 우울증을 몇 가지 유형으로 분류했다. 또한 생리적 · 유전적 배경이 우울감에 영향을 미치기 때문에 우울증은 약물로 치료해야 한다고 생각해 여러 물질을 시험해보았지만 적절한 약물을 찾아내지는 못했다. 크레펠린의 정신생리학 이론에 반대한 프로이트는 정신분석 이론을 바탕으로 우울증의 심리 치료법을 주장했다.

크레펠린은 프로이트가 억압된 성 본능에 초점을 맞춘다고 비판했고, 프로이트는 크레펠린이 유전적 요소를 강조한다며 비판했다. 20세기 정신과 의사 대부분은 크레펠린의 정신생리학 이론보다는 정신분석으로 원인을 찾는 프로이트의 이론을 선호했다.

20세기에는 정신심리학뿐 아니라 신경과학도 발전한다. 1936년에

헨리 데일Henri Dale과 오토 뢰비Otto Loewi는 신경전달물질이 신경세포와 인접 세포 사이의 신호 전달을 담당하는 것을 밝혀내고 그것의 대표적인 물질로 아세틸콜린을 발견해 노벨 생리의학상을 공동 수상했다. **신경전달물질이 발견된 것은 항우울제 개발을 위한 이론적 토대가 되었다.** 이와 더불어 뇌는 신경망 네트워크를 통해 인간의 감정과 행동을 조정하며 뇌의 어떤 부분을 쓰는지에 따라 인지 및 행동 양식이 바뀐다는 사실이 밝혀졌다. 따라서 우울증이 심한 환자에게는 뇌의 일부분인 전두엽을 절제하거나 두개골에 전기 충격을 가하는 전기 경련요법이 행해졌다.

20세기 중반에 우울증 치료에 효과가 있는 약이 발견되었다. 한 우울증 환자가 폐결핵 치료제 이소니아지드를 먹고 행복감을 느낀 것이다. 이를 근거로 미국 정신과 의사 막스 루리Max Lurie와 해리 샐저Harry Salzer가 우울증 환자에게 이소니아지드를 임상 시험한 결과 70%의 환자가 우울증 증상이 호전되었다. 그들은 이 약을 처음으로 항우울제antidepressant라고 불렀다. 이 약은 뇌의 시냅스에 있는 세로토닌과 도파민, 노르에피네프린 등의 신경전달물질을 분해시키는 모노아민 산화효소MAO를 억제함으로써 시냅스에 신경전달물질이 많아져 기분을 좋아지게 만든다는 사실이 밝혀졌다. 이소니아지드는 혈압을 높이고 간이나 신장을 망가뜨리는 독성이 있어 시장에서 퇴출된다.

그러나 모노아민 산화효소를 억제하는 약물은 부작용이 적은 새로운 몇 가지 약으로 개발되어 1세대 항우울제가 된다. 곧이어 2세대 항우울제인 아미트립틸린 등이 개발된다. 이 계열은 시냅스에서 노르에

피네프린과 세로토닌이 다시 흡수되는 것을 막음으로써 시냅스 안에 신경전달물질의 농도를 높여 기분이 좋아지게 만든다.

항우울제가 사용되면서 정신과 전문의들은 정신생리학 이론에 따라 약물치료법을 주장하는 그룹과 정신분석 이론에 따라 심리 치료를 주장하는 그룹으로 나뉘었다. 약물을 통한 증상 치료를 주장한 의사들은 제약 회사의 강력한 지지를 받으며 1세대와 2세대의 항우울제 부작용을 극복하기 위한 새로운 약을 개발하는 데 많은 노력을 기울였다. 반면에 심리 분석을 통한 원인 치료를 주장한 의사들은 우울증 환자가 겪는 내면의 갈등을 치료하기 위해 환자와의 대화 요법을 해나갔다. 1980년에 이르러 정신질환을 증상에 따라 세분화하면서 증상을 치료하는 정신생리학 이론은 힘을 얻은 반면, 원인을 치료하는 정신분석 이론은 점차 힘을 잃었다.

전성기를 맞은 항우울제, 문제는 없을까

1970년 무렵부터 신경전달물질인 세로토닌과 우울증의 관계가 주목받는다. 뇌 시냅스에 신경전달물질인 세로토닌만 선택적으로 증가시켜 기분이 좋아지게 하고 세로토닌이 다시 흡수되는 것을 막는 약인 SSRI(선택적 세로토닌 재흡수 억제제)를 개발하고자 제약 회사 간 경쟁이 가열되었다. 1987년에 프로작이 최초로 등장한 뒤 유사한 SSRI인 팍실과 졸로프트, 셀렉사가 잇달아 시장에 나오면서 항우울제 전성시대가 열렸다. 2003년에는 전 세계 시장에서 약 170조 원의 SSRI가 팔렸다.

SSRI는 다른 계열의 항우울제와 비교해 심장에 영향을 미치는 독성이 적다는 가장 큰 장점이 있다.

우울증에 가장 많이 처방되는 SSRI에 문제점은 없을까? **25세 미만, 특히 어린이나 청소년이 SSRI를 복용하면 자살과 관련된 생각이나 자살을 행동으로 옮길 위험성이 높아진다.** 이러한 위험성은 성인에게는 보이지 않는다. 이런 이유로 미국 FDA는 "25세 미만 환자가 복용하면 자살 위험성이 높아진다"는 문구를 처방약 포장지에 표시하도록 했다.

보통 SSRI를 먹은 뒤 4주가 지나야 효과가 나타나며 약을 먹은 환자 가운데 30%의 사람에게는 효과가 없다는 것도 문제다. 이들 환자는 필요 없는 약을 한 달이나 먹게 되는 셈이며 또다시 다른 계열의 항우울제로 바꿔야 하는 문제에 부닥친다.

매년 미국인 4000만 명이 먹는 SSRI는 미국에서 3번째로 많이 처방되는 의약품이다. 그 이유는 생리전증후군이나 임산부 우울증과 같은, 과거에는 잘 알려지지 않았던 새로운 우울증 관련 질환이 계속 밝혀지고 있기 때문이다. 또 다른 이유로는 다국적 제약 회사에서 우울증뿐 아니라 불안장애, 주의력결핍 과잉행동 장애ADHD, 공황장애, 사회공포증(사회불안장애), 강박장애 등 다양한 정신질환에 SSRI를 사용하는 공격적인 전략을 폈기 때문이다.

미국의 〈임상정신의학저널Journal of Clinical Psychiatry〉 연구에 따르면 SSRI를 먹은 사람의 69%는 우울증으로 고통받은 적이 없었다. 더욱이 SSRI를 먹은 사람의 38%는 평생 우울증, 강박장애, 공황장애, 사회공포증과 같은 범주에 속하지 않아 SSRI가 남용되고 있음을 알 수 있다. 다양한 정신질환에 SSRI가 너무 많이 쓰이자 제약 회사에서 말하는 SSRI 치료 효과를 과학적으로 검증해야 한다는 주장이 나오고 있다. 2010년에 〈미국의학협회저널〉은 기존 문헌을 검토하는 메타 분석을 토대로 다음과 같은 결론을 내렸다. 약하거나 중간 정도의 우울증에는 SSRI가 위약과 비교해 그 효과에서 큰 차이가 없지만 심한 우울증에는 위약보다 치료 효과가 뛰어나다는 것이다.

사는 곳만 바꿔 우울증을 막을 수 있다면

최근 주목받는 계절성 우울증Seasonal Affected Disorder; SAD 치료에도 세로토닌 농도를 높이는 SSRI를 1순위 치료제로 사용하고 있다. 우울감, 무기력, 대인 기피, 불면증, 과식 증상을 보이는 계절성 우울증은 겨울에 주로 나타난다. 흥미롭게도 계절성 우울증 환자가 생길 비율은 미국 남부에서는 1.4% 정도이지만 북부에서는 9.9%로 위도가 올라갈수록 높아진다.

1980년대 한 미국 정신과 의사는 해마다 늦가을이 되면 기분장애 증상과 함께 살이 찌다가 봄이 되면 그 증상이 없어지는 계절성 우울증 환자를 치료했다. 한 해는 그 환자가 자신이 살던 뉴욕을 떠나 자메이카로 한 달간 여행을 했는데 모든 증상이 감쪽같이 사라졌다. 여기서 의사는 우울증 치료에 햇빛이 중요한 역할을 한다는 사실을 발견했다.

계절성 우울증 환자의 특징은 잠자리에 들기 전에 탄수화물이 들어간 간식을

찾는다는 것이다. 이는 배고파서가 아니라 탄수화물을 먹으면 기분이 좋아지기 때문이다. 탄수화물을 섭취하면 아미노산인 트립토판이 뇌 속에 선택적으로 많이 들어가 세로토닌을 만들어냄으로써 기분이 좋아진다는 연구 결과가 최근 밝혀졌다. 또한 햇빛이 망막 신경을 거쳐 뇌에 보내는 신호에 따라 세로토닌이 만들어지는 양이 좌우되는데, 햇빛이 부족하면 세로토닌 농도가 적어져 계절성 우울증 증상이 나타난다.

계절성 우울증 환자들이 하루 2시간씩 2500룩스를 쬐는 광光치료를 받으면 우울증 증상이 좋아지고 저녁에 탄수화물을 먹는 횟수와 양이 눈에 띄게 줄어든다. 최근 연구에 따르면 계절성 우울증은 여성이 남

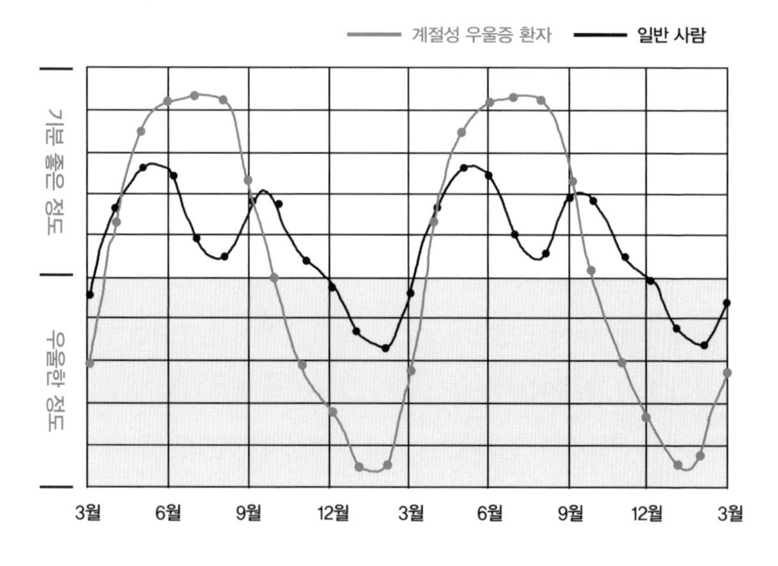

주로 겨울에 나타나는 계절성 우울증

한 정신과 의사가 뉴욕에 사는 계절성 우울증 환자의 계절별 기분 변화를 관찰한 결과, 햇빛을 적게 보는 가을과 겨울에 우울한 정도가 심해지는 것으로 나타났다. 계절성 우울증 환자와 비교하면 정도는 약하지만 일반 사람도 여름에 비해 겨울에 우울한 정도가 심해짐을 알 수 있다.(출처:〈사이언티픽 아메리칸〉)

성보다 3배 더 많이 앓는다.

서울과 위도가 비슷한 뉴욕에서 여론조사를 실시한 결과 "여름과 비교해 겨울에 일하기 싫고 무기력해진다"고 말하는 응답자가 많았다. 계절성 우울증 환자와 비교하면 정도는 약하지만 일반 사람들도 햇빛에 영향을 받음을 알 수 있다. 건강보험심사평가원에 따르면 가을과 겨울에 유독 심한 우울감을 느끼는 계절성 우울증을 호소하는 사람이 늘고 있으며 2013년 계절성 우울증으로 병원을 찾은 환자는 7만 7000여 명에 이른다.

흔히 윈터 블루스winter blues라고 불리는 계절성 우울증을 어떻게 극복해야 할까? 계절성 우울증의 정도가 심하지 않다면 적절한 운동과 충분한 수면, 야외 활동을 늘리는 것과 같이 생활 습관을 바꾸는 것이 좋다. **겨울철 오전에 태양빛 아래 30분만 운동해도 계절성 우울증을 개선하는 데 효과가 있다.** 그러나 실내조명은 아무리 강해도 별 효과가 없다.

의학이 발전하면서 항우울제는 진보하고 있지만 부작용과 일부 환자에게 효과가 나타나지 않는 등의 문제는 해결해야 할 과제다. 중증 우울증 환자가 6~12개월 동안 계속 SSRI를 먹으면 우울증 재발률이 줄고 증상이 좋아지는 반면, 경증 우울증 환자는 같은 기간에 SSRI를 먹는 것과 위약을 먹는 것이 별 차이가 없다. 즉 정신과 치료에서 어떤 때는 위약이 증상을 개선하는 데 효과가 높기 때문에 우울증 치료에 심리적 요인도 작용함을 알 수 있다. 선택할 수 있는 다른 치료 방법으로 인지행동치료가 있기는 하지만 비용, 전문가 유무, 소요 시간 등에서 장애물이 많아 환자들이 접하기 어려운 면이 있다.

설사를 낫게 하는 가장 과학적인 민간요법

눈과 볼은 움푹 들어가고, 얼굴은 초췌하며, 입과 혀는 건조하고, 손끝은 쭈글쭈글하며 목은 쉬었다. 배를 꼬집으면 피부가 한동안 접혀 있었다. 맥박은 약해지고 배설도 되지 않았다. 경련을 자주 일으켰고, 보통 2~3일 뒤에 사망했다.

1967년 방글라데시에서 어떤 의사가 설사하는 아이를 진료한 뒤 쓴 글이다. 1970년까지 매년 전 세계 5살 미만 유아 가운데 5억 명이 설사를 앓았다. 특히 개발도상국 어린이 10명 가운데 1명은 5살 이전에 설사로 사망했다. 설사는 주로 세균 및 바이러스에 감염되거나 식중독에 걸렸을 때 나타나며 유아와 노인에게 치명적이다.

설사로 몸속의 수분이 빠져나가면 짧은 시간 안에 신체 기능이 마비된다. 물이 체중의 70%를 차지하는 5살 미만 유아는 설사에 특히 민감하다. 인체는 물과 전해질을 매일 흡수하고 배설해 균형을 맞춰 건강을 유지하는데, 유아는 균형을 맞추려면 더 많은 양의 물이 필요한 것이다. 따라서 설사로 인해 몸속의 물과 전해질이 없어지는 것은 유아에게 치명적이다.

1970년 후반부터 설사약으로 사용된 경구수액제는 전 세계 어린이 수백만 명의 생명을 구했다. 페루 지역은 설사를 일으키는 콜레라가 자주 유행하던 지역이었는데, 경구수액제를 사용함으로써 영유아 사망률이 현저히 낮아졌다. 경구수액제는 최근에 임상의학 측면에서 쓰이기 시작했지만 같은 원리로 설사 환자들에게 물을 보충시키고자 했던 민간요법은 기원전으로 거슬러 올라간다.

몸속의 물을 보충해주는 경구수액제

동서양에서는 예로부터 영유아가 설사를 하면, 소금과 탄수화물, 단백질이 포함된 치킨 수프나 코코넛 주스 등을 먹여 수분을 공급해주었다. 서양에서는 이를 할머니 처방grandmother's solutions이라고도 한다. 한국에서는 설사하는 어린이에게 죽을 쑤어 먹였다.

물론 어떤 식품을 소재로 써서 어떻게 만들어야 최적의 처방이 되는지는 알려지지 않았지만, 아이가 설사를 하면 가정에서 쌀이나 콩을 물에 끓여 멸균시키고 죽을 만들어 먹여 수분을 보충해주는 응급조치를 했다. **과학자들은 이러한 민간요법이 매우 과학적인 처방이라는 것을 증명했고, 또한 식품을 소재로 한 경구수액제를 개발했다.** 이와 같이 인류가 여러 시대를 살아오면서 경험을 통해 알아낸 민간요법이 최선의 치료 방법이었음을 현대 과학은 증명하고 있다.

1832년 영국 의사 토마스 래타Thomas Latta는 콜레라 환자에게 수분을 보충해 치료하는 실험을 했다. 처음에는 항문을 통해 수분을 보충하려 했지만 환자에게 전혀 도움이 되지 않았다. 콜레라 환자를 살릴 수 있는 방법으로는 정맥주사를 통해 혈액으로 직접 물을 주입하는 방법밖에 없었다. 첫 번째 환자는 사망 직전의 중년 여성이었다. 그는 임상 시험 당시 장면을 이렇게 묘사했다. "물이 조금씩 관으로 주입되었고 처음에는 주목할 만한 변화가 관찰되지 않았다. 하지만 인내심을 갖고 지켜본 결과 맥박이 정상으로 되돌아오고 환자가 조금씩 회생하는 기미가 보였다. 약 1시간 반 뒤 3리터의 물이 들어갔을 때 환자는 불편함이 사라지고 있다며 분명한 목소리로 말했다." 하지만 불행히도 많은 환자가 정맥주사를 맞는 과정에서 사망했다. 소독하지 않은 물을 그대로 썼으며, 물을 혈액의 전해질과 균일한 농도로 맞춰 주입하지 않으면 적혈구가 파괴된다는 사실을 알지 못했기 때문이다. 결국 이 방법은 거의 100년 동안 쓰이지 않았다.

1940년대 존스홉킨스 대학의 대니얼 대로우Daniel Darrow는 체내 전해질의 역할이 중요하다는 사실을 알아냈다. 나트륨Na^+, 클로라이드Cl^-, 칼륨K^+은 인체의 세포 기능 유지에 필수적인 전해질이며 정맥주사를 놓을 때는 식염수를 체내 전해질과 같은 농도로 맞춰서 사용해야 한다는 것이다. 이어서 미국 의학도 로버트 필립스Robert Phillips는 설사 환자의 몸에서 빠져나가는 체액에서 전해질과 물의 양을 측정해본 결과, 환자에게 부족한 전해질과 물을 보충해주는 것이 필수

적임을 밝혀냈다. 이러한 연구를 바탕으로 설사 환자에게 적절한 농도의 전해질이 포함된 물을 정맥주사로 주입한 결과, 사망률이 현저히 줄어들었다.

1970년대에 이르기까지 선진국에서는 설사 환자에게 정맥주사를 놓아 물을 보충해줌으로써 치명적인 탈수 증상을 막아왔다. **그러나 정맥주사를 놓으려면 많은 양의 살균 용액이 필요하고, 숙련된 간호사가 있어야 하기 때문에 의료 시설이 낙후된 지역에서는 정맥주사를 거의 사용할 수 없었다.** 제3세계에서는 정맥주사 방법을 쓰는 것이 불가능한 일이었기에 과학자들은 정맥주사가 아닌 경구수액제를 개발해야 함을 절감했다.

1971년 세계보건기구WHO는 전해질과 포도당으로 만든 표준 경구수액제를 방글라데시 독립전쟁 피난 캠프에서 사용했는데, 바로 설사 사망률이 줄었다. 곧이어 경구수액제 분말을 알루미늄 은박지에 포장해 제3세계 60여 개국에 배포하고 사용 방법을 교육시킨 결과, 설사로 인한 유아 사망률이 50%나 감소했으며, 입원율도 60% 감소했다. 그러나 표준 경구수액제는 몸속에 물을 보충해줄 뿐이지 설사량과 지속 기간을 줄이지 못하는 문제점이 있었다. 또한 경구수액제는 숟가락으로 조금씩 자주 먹이는 것이 중요한데, 부모가 하루 종일 아이 곁에서 약을 떠먹여주기가 쉽지 않았다.

1980년대부터 식품을 소재로 한 경구수액제가 개발되기 시작했다. 탄수화물과 단백질이 풍부한 곡류 및 콩류, 쌀 또는 옥수수 분말 가루를 이용해 경구수액제를 만들어 설사 환자에게 먹였다. 그 결과 표준 경구수액제와 비교해 식품 소재 경구수액제는 설사량을 50% 감소시키고 설사가 지속되는 시간을 줄여서 유아 설사에 매우 유용함이 확인되었다.

식품을 이용한 경구수액제가 왜 과학적인가

설사를 하면 왜 몸속에서 전해질과 물이 빠져나가는 걸까? 소장은 크립트 세포crypt cell과 융모 세포villus cell로 이루어져 있다. 음식물이 소화관에 들어오면 크립트 세포는 물과 전해질을 분비해 음식물을 희석시킨다. 그러면 소화효소가 탄수화물은 포도당으로, 단백질은 아미노산으로 분해하기가 쉬워진다. 반면에 융모 세포는 분해된 영양소 및 분비된 전해질(나트륨)을 동시에 흡수한다. 이처럼 전해질이 이동하면 물도 함께 이동하며, 식사를 하면 물과 전해질이 분비되고 흡수되는 사이클이 지속적으로 반복된다. 그러나 콜레라나 이질 같은 세균에 감염되면, 크립트 세포에서 전해질 분비가 지나치게 활성화되어 물과 전해질이 너무 많이 분비되는 반면에 융모 세포를 통해서는 잘 흡수되지 않기 때문에 설사를 하고 탈수가 일어나는 것이다.

융모 세포는 포도당-나트륨 및 아미노산-나트륨의 공동 수송계co-transporter를 이용해 분해된 포도당과 아미노산을 전해질과 함께 흡수하는데, 세균성 설사 환자

공동 수송계란?

세포막에 여러 종류로 존재하며 세포 안팎으로 영양소와 전해질 수송을 담당한다. 포도당-나트륨 또는 아미노산-나트륨 공동 수송계는 소화관 내의 영양소와 전해질을 융모 세포를 통하여 흡수시키는 역할을 하며 전해질이 이동하면 전해질을 따라 물이 동시에 흡수된다.

의 경우에는 다행히 이 공동 수송계가 손상되지 않는다. 이렇게 경구수액제는 세균성 설사 환자에게 포도당이나 아미노산을 전해질과 함께 투여하고 융모 세포의 공동 수송계를 자극해 체내에 수분을 공급함으로써 탈수 증상을 막고자 하는 목적으로 개발되었다. 이것이 바로 세계보건기구가 포도당과 전해질로 만든 표준 경구수액제이다. 과학자들은 경구수액제의 포도당량을 늘리면 더욱 효과적으로 전해질과 수분을 체내에 공급할 수 있지 않을까 생각하여 좀 더 많은 양의 포도당을 사용해보았다. 그 결과, 삼투압 현상이 일어나 오히려 탈수가 더 심해졌다. 그런데 식품을 소재로 한 경구수액제는 탄수화물과 단백질이 포함된 식품을 사용하면 소화관에서 소화효소에 의해 포도당과 아미노산으로 서서히 분해되기 때문에 삼투압에 의한 역류도 일어나지 않고 매우 효과적으로 몸속에 수분을 공급한다.

만병통치 설사약은 과연 있을까

현재에도 설사는 전 세계 5살 미만 유아 사망률 원인 1위다. 특히 상하수도가 제대로 정비되지 않은 개발도상국에서는 더욱 그렇다. 해마다 겨울철에 유행하는 로타바이러스는 1세 미만의 영유아에게 설사를 일으키는 가장 주요한 원인이다. 반면에 세균성 설사는 이질균, 비브리오 콜레라균 및 대장균 등에 의해 생기며 복통 및 구토와 발열 증상을 동반한다.

설사 환자에게 경구수액제를 투여하면 수분을 공급해줌으로써 탈수 증세를 막을 수 있다. 식품을 소재로 한 경구수액제는 집에서도 쉽게 만들 수 있으며, 탈수가 심하지는 않지만 정상적인 식사를 거부하거나 구토 증상이 있는 유아에게 먹이기에도 좋다.

낯선 여행지에 가면 물이나 음식이 잘 맞지 않아 갑자기 설사를 하는 경우가 많다. **여행 필수품으로 사람들은 대개 지사제나 항생제를 챙기는데, 설사의 원인이 세균인지 바이러스인지 알지 못하는 상태에서 항생제를 먹는 것은 좋지 않다.** 더욱이 일부 항생제는 장내 세균 균형을 파괴해 유익한 세균도 죽이기 때문에 설사 부작용을 일으키기도 한다. 그리고 지사제는 유아나 어린이에게 쓰기에는 효과에 비해 위험성이 크다. 지사제를 먹으면 창자운동이 억제되어 체내 탈수가 일어나고 있음에도 배변이 줄어든다. 그러면 우리 몸은 탈수 증상을 인지하지 못한다. 따라서 설사 치료가 지연될 수 있으며 창자운동이 제대로 되지 않아 창자 내 세균을 없애지 못해 해로울 수 있다.

병원을 이용하기 어려운 지역을 여행하다가 설사를 할 경우 응급처방으로 1리터의 깨끗한 물에 티스푼으로 설탕 6스푼과 소금 반 스푼을 넣고 녹여 조금씩 마시거나 소금과 설탕의 양을 정확히 맞추기 어렵다면 쌀죽, 치킨 수프, 당근 주스, 코코넛 주스를 마시는 것도 탈수를 막는 데 효과적이다.

대표적인 식품 소재 경구수액제 제품으로는 라이스라이트와 옥수수 전분에서 추출한 포도당 성분으로 만든 페디아라이트가 있다. 페디아라이트는 2015년 미국 시장의 60%를 점유해 매출이 1200억 원에 이른다. 국내에서도 몇몇 소아과 병원과 약국에서 유아 설사 환자를 치료하기 위한 목적으로 사용되고 있다. 미국 CNBC 방송은 최근 라이스라이트를 만드는 애보트 사가 라이스라이트가 숙취에 좋다며 공격적인 마케팅을 펼친 덕에 성인 소비가 크게 늘었다고 보도했다.

스포츠 드링크가 경구수액제를 대신할 수 있을까? 스포츠 드링크에는 설탕이 많이 들어 있고 전해질이 최적으로 구성되지 않아서 설사 환자에게 먹이는 것은 적합하지 않다.

수분 섭취를 거부하거나 심한 복통, 혈변, 무기력, 신체 반응 저하가 나타나는 중증 유아 설사 환자는 병원에서 물과 전해질이 포함된 정맥주사를 통해 빠른 시간 안에 체내 탈수를 막는 것이 매우 중요하다.

술 깨는 약, 과학이 풀지 못한 숙제

19세기부터 과학자들은 인류가 예로부터 즐겨 마셔왔던 술을 연구하기 시작했다. 알코올은 사람을 왜 취하게 만들며 부작용은 무엇인지, 몸속으로 들어온 알코올을 빨리 분해시켜주는 약은 있는지, 술 마신 다음 날 숙취를 쉽게 해소하는 방법은 무엇인지, 알코올의존자는 어떻게 치료해야 하는지 등등이 사람들이 관심을 가져온 주제였다.

우리 몸에 술이 들어가면?

먼저 술이 우리 몸속에 들어와 어떻게 작용하는지 알아보자. 우리가 약을 먹으면 소화관을 통해 혈액으로 흡수된 뒤, 여러 장기에 영향을 주기도 하지만, 간의 효소에 의해 분해되어 신장을 통해 몸 밖으로 빠져나가기도 한다. 한편 술은 우리 몸으로 들어오면 90% 이상이 간에 존재하는 알코올 분해 효소ADH에 의해 아세트알데히드acetaldehyde가

되는데, 이때 보조인자NAD의 도움을 받는다. 계속해서 아세트알데히드는 알데히드 분해 효소ALDH의 작용으로 아세트산acetic acid으로 분해된다. **우리 몸에 흡수된 알코올은 뇌에 영향을 줘 기분이 좋아지고 취하게 만들며, 대사代謝된 아세트알데히드는 심장박동을 빠르게 해 얼굴과 목, 온몸이 빨개진다.**

유전적으로 동양인의 50%는 알데히드 분해 효소가 부족하다. 그래서 술을 마시면 아세트알데히드가 혈액에 축적되어 얼굴에 홍조를 띠는 알코올 플러시 반응Alcohol Flush Reaction이 일어난다. 일반적으로 알코올은 알코올 분해 효소에 의해 천천히 분해되지만 생성된 아세트알데히드는 알데히드 분해 효소에 의해 빠르게 대사된다. 이 때문에 술을 마신 뒤에 혈액 내 아세트알데히드 농도는 알코올의 1000분의 1 수준으로 유지된다.

술 깨는 약을 개발하기 위해 알코올 분해 효소 또는 보조인자를 조절하는 등 지난 반세기 동안 수많은 연구가 이루어졌다. 흰쥐의 알코올 대사 속도는 흰쥐 간의 알코올 분해 효소가 많아질수록 빨라진다는 연구 결과가 있다. 하지만 갑상선 기능 항진증을 앓는 사람은 알코올 분해 효소의 함량이 줄어도 알코올 대사 속도는 정상인과 차이가 없다는 실험 결과가 나왔다. 이는 보조인자도 마찬가지였다. 결론적으로 시험관과 실험동물, 실험 조건에 따라 어느 때는 알코올 분해 효소가, 어느 때는 보조인자가 알코올 대사 속도를 조절한다는 결론이 나와 술이 빨리 깨는 약을 개발하기가 어려웠다.

마찬가지로 술이 빨리 깨는 약을 찾아내기 위해 아미노산, 당과 같은 여러 식품 성분과 약 등을 가지고 실험해보았지만 특별하게 알코올 대사 속도를 높이는 물질을 발견할 수 없었다. 그중에서 벌꿀에 많은 과당을 먹으면 대사 속도가 빨라지는 것을 동물실험에서 확인했지만, 실제 인체에서도 같은 효과를 보이는지에 대해서는 아직 논란이 많다. 21세기로 들어오면서 술을 빨리 깨게 해주는 약은 이제는 덮어버린 문제가 되었다.

이와 달리 알코올의존증 치료제에서는 다소간의 성과가 있었다. 1920년대에 디설피람이라는 약이 개발되었는데 알코올의존자가 이 약을 먹고 술을 마시면 두통, 안면 홍조, 호흡곤란, 구토와 같은 심한 부작용이 나타났다. 이 약을 먹으면 알데히드 분해 효소가 억제되어 혈중에 아세트알데히드가 쌓이기 때문이다. 그러나 알코올의존성을 줄이지는 못하기 때문에 계속 약을 먹는 것에는 문제가 있었다. 2013년 유럽에서 알코올의존성을 감소시키는 날메펜이 개발되었다. 이 약은 임상시험 결과 알코올의존자가 마시는 술의 양을 60% 수준으로 줄여주는 것으로 나타났다. 2015년 학술지 〈플로스 의학PLOS Medicine〉은 날메펜과 관련된 모든 임상 자료를 분석한 결과, 날메펜이 알코올의존자가 먹는 술의 양을 줄여주는 건 맞지만 알코올의존증을 치료하는지는 명확하지 않다고 밝혔다.

과학자들도 밝히지 못한 숙취의 원인

숙취 해소제를 개발하기 위해 숙취의 원인을 이해하고자 했지만 다양한 학설만 존재하고 그 원인은 명확하게 밝혀지지 않은 상태다. 여러 종류의 술을 섞어 마시면 숙취가 심해진다고 알려져 있는데 이는 사실과 다르다. **술을 섞어 마시면 혈중 알코올 농도가 높아질 뿐 숙취가 심해지는 것과는 관련이 없다.** 일부 과학자들은 알코올로부터 대사된 아세트알데히드가 몸에 쌓이는 것이 숙취의 주요 원인이라고 주장하기도 한다. 또한 술에 섞인 향료인 탄닌이 원인이라는 주장도 있는데, 탄닌이 많이 든, 색이 있는 위스키를 마셨을 때가 투명한 보드카를 마셨을 때보다 숙취가 더 심한 것이 그 근거라고 한다. 그리고 알코올 발효 과정에서 생기는, 독성이 강한 메탄올이 그 원인이라는 주장도 있다.

2003년에 학술지 〈알코올Alcohol〉에 숙취의 원인에 관한 주목할 만한 학설이 발표되었다. 과음으로 인해 면역 항상성에 이상이 생기면서 숙취 증상이 나타난다는 것이다. 우리 몸은 외부에서 이물질이 들어오면 면역 세포가 사이토카인cytokine이라는 단백질을 분비해 이물질의 침입에 대항하도록 한다. 하지만 사이토카인이 과다 분비되면 정상 세포를 공격하는데, 이를 사이토카인 폭풍이라고 한다. 과음을 하면 혈액에서 사이토카인이 많이 분비되고, 이럴 때 나타나는 증상과 숙취일 때 나타나는 증상이 비슷해서 과음에 따른 사이토카인 증가가 숙취의 원인일지도 모른다는 것이다.

숙취 원인을 모르면서 숙취 해소제를 개발한다는 것은 앞뒤가 맞지 않는 얘기다. 고대부터 현재까지 동서양에서 숙취 특효약이라고 주장하는 많은 생약과 식품, 민간요법 등이 사람들의 귀를 솔깃하게 만든다. 그러나 숙취 해소제는 숙취와 관련한 증상 가운데 한두 가지를 완화시킬지 몰라도 숙취의 전반적인 증상을 해소할 수는 없다. 술을 많이 마신 다음 날에 해장국이나 콩나물국을 먹으면 위가 불편한 증상이나 복통 등은 좋아질 수 있지만 두통, 현기증, 피로감 등의 다른 증상이 완전하게 나아지지 못하는 것과 마찬가지다. 2005년 〈영국의학저널〉은 지금까지 나온 숙취와 관련된 모든 자료를 종합해 다음과 같이 결론을 내렸다. "숙취를 예방하며, 술을 빨리 깨게 해준다고 주장하는 모든 전통 의약품, 식품, 민간요법 등은 과학적인 근거가 거의 없다. 숙취를 해소할 수 있는 유일한 방법은 과음을 피하는 것이다."

숙취는 사람마다 다르지만 보통 과음 후 두통, 나른함, 집중력 약화, 복통, 피로 등 복합적인 증상이 24시간 이상 계속된다. 따라서 주중에 과음을 하면 다음 날 학업이나 업무 등에 심각한 영향을 미칠 수 있다. 우리나라는 업무상 접대나 친목을 위해 주중에 술을 마시는 경우가 많아 과음으로 인해 업무 능력이 떨어지는 것에는 비교적 관대한 편이다. **숙취를 빨리 해소한다고 광고하는 각종 숙취 해소제가 국내에서 넘치는 이유는 과음한 뒤 다음 날 출근해서 일해야 하는 우리 음주 풍토 때문이기도 하다.**

2014년 세계보건기구가 발표한 〈알코올 및 건강에 대한 보고서〉에 따르면 알코올 남용으로 인한 수명 단축과 건강 악화로 인한 손실에서 한국은 세계 최고 수준이다. 국민 15세 이상 1인당 연간 주류 소비량은 순수 알코올 기준으로 약 9리터에 이르며 이는 소주로 환산하면 123병 정도다. 평균 3일을 주기로 소주 1병을 마시는 셈이다. 게다가 알코올의존자 수는 약 180만 명 정도로, 약 500만 명 이상의 배우자 및 자녀에게 끼치는 2차 피해까지 고려한다면 더욱 심각해진다. 미국도 현재 성인 인구의 7.4%가 알코올의존자이고, 알코올 남용으로 인한 연간 사회경제적 비용은 210조 원에 이른다. 음주와 관련된 교통사고, 범죄, 자살, 질병 등으로 해마다 약 10만 명이 사망할 정도로 알코올 남용은 매우 심각한 사회문제다.

21세기형 금주령은 가능할까

음주로 인한 사회경제적 피해가 막대하다면, 국가 차원에서 음주를 막으려는 시도는 없었을까? 20세기 초만 하더라도 미국을 포함한 여러 유럽 국가는 술과 관련된 각종 사회적 해악을 줄이겠다는 명분으로 금주령을 시행했다.

금주령은 개신교를 중심으로 한 절제 운동을 배경으로 행해졌다. 술을 주로 소비하는 도시 근로자, 이민자, 유대인들은 금주령에 반대했다. 이는 역설적으로 백인 우월주의자(KKK단)가 금주령에 적극 찬성한 이유이기도 했다. 또한 당시 독일계 이민자를 중심으로 양조업에 종사하는 사람이 많았는데, 금주령에는 제1차 세계대전 이후 극대화된 애국심과 반反독일 정서 등이 배경으로 깔려 있었다.

미국 정부는 음주로 인한 도덕적 해이함을 바로잡고 음주와 관련된 범죄를 줄인다는 명분을 내세워 1913년부터 금주령을 법률로 제정하려 했다. 1919년 10월 '의료용 및 종교용을 제외한 미국 내 주류를 제조, 판매, 수송하는 것을 금지하며 수출 및 수입도 불허한다'는 내용의 금주령이 입법화되었다. 그로부터 금주령이 발효된 1920년 1월까지 사람들은 엄청난 양의 와인과 술을 사재기했다.

금주령으로 미국 내 1인당 술 소비가 60% 이상 줄었고 남부와 서부의 대다수 시민은 금주령을 지지했다. 반면에 대도시와 산업화된 소도시, 광산 지역에서는 금주령에 반대하며 계속 술을 마셨기 때문에, 많은 양의 술이 밀수되거나 허가 없이 담근 술인 밀주가 유행했다. 또한 당시 알코올은 의료용으로는 사용할 수 있어서 금주령 시대에 의사들은 위스키를 처방해주고 4000만 달러 이상의 소득을 올렸다.

1922년에 〈뉴욕타임스〉는 크리스마스 휴가철에 밀주를 마신 5명이 사망한 사건을 보도했다. 이는 시작에 불과했다. **밀주를 마시고 사망한 사람이 1926년까지 뉴욕에서만 약 750명이었으며 금주령이 폐지될 때까지 최소 1만여 명이 사망했다.** 그리고 수십만 명이 몸이 마비되거나 눈이 머는 심각한 신체장애를 얻었다. 1927년 뉴욕 시 벨뷰 병원에 많은 환자가 실려 왔는데 그중 41명이 사망한 사건이 가장 유명하다. 사람들은 대부분 허가 없이 간이 시설에서 밀주를 만들어 팔았는데, 죽음에 이르게 할 정도의 치명적인 독성 물질이 들어 있는 공업용 알코올이 그 원료였다. 공업용 알코올에는 목정木精 알코올이라 불리는 메탄올이 4% 들어 있는데, 3잔만 마셔도 눈을 멀게 할 정도로 독성이 강했다. 일부 정치인은 공업용 알코올을 마시도록 방치하는 것은 '정부에 의한 합법적 살인'이라고 했지만, 금주령을 옹호하는 단체에서는 "메탄올을 마셔서 사망하는 것보다 음주를 합법화해 사망하는 경우가 더 많다"고 주장했다.

또한 금주령은 술과 관련된 범죄를 줄이기보다는 오히려 주류 밀매를 둘러싼 범죄를 유발했다. 영화 〈대부Godfather〉와 〈로우리스Lawless〉는 미국 금주령 시대의 사회상을 잘 묘사하고 있다. 시카고의 갱단 알 카포네는 맥주 밀매로 1927년부터 당시 화폐가치로 매년 6000만 달러의 수입을 벌어들였다. 맥주 밀매가 천문학적인 이득을 가져다주는 통로가 되자 이를 둘러싼 갱단 간의 갈등이 심해져 알 카포네가 아일랜드 갱단 7명을 사살한, 발렌타인데이 학살로 불리는 끔찍한 사건이 터지기도 했다. 이와 동시에 1929년 말에 불어닥친 경제공황으로 인해 주류세를 걷어 정부 재원을 마련해야 할 필요성이 대두되면서 금주령을 더 이상 지속할 수 없었다. 1932년 미국 대선에서 금주령 폐지를 선거공약으로 내세운 프랭클린 루즈벨트가 대통령에 당선되면서 금주령은 역사의 뒤편으로 사라졌다.

술을 많이 마시더라도 취하지 않도록 하거나 숙취를 해소하기 위한 방안을 찾기 위한 연구는 100년 이상 이어졌지만, 대부분 실패로 돌아갔다. 또한 금주령은 과음에 의한 사회적 해악을 줄인다는 목적으로 세정되있지만 오히려 또 다른 사회문제를 일으켰다. 과학이 발전해도 술에 탐닉하는 인간의 본성을 조절할 수는 없는 걸까? 뇌가 알코올에 탐닉되는 원리를 이해하면 신경망 조절을 통해 술독에 빠진 사람을 완전히 다른 사람으로 변화시킬 수 있을 것이다. 2013년에 오바마 정부는 대규모 뇌 연구 프로젝트Brain Initiative를 출범시키기도 했다. 이는 뇌가 신경망을 작동시켜 수많은 정보를 인지하고 저장한 뒤 생각하거나 행동하게 만드는 방식을 탐구함으로써 그 결과를 뇌질환 치료나 인공지능에 활용하기 위한 프로젝트였다. 앞으로 이런 연구의 성과물이 쌓여 가까운 미래에 알코올의존자를 효과적으로 치료하고 사회 적응을 더욱 원활하게 할 수 있도록 돕는 기술이 개발되기를 고대한다.

2

약은 어떻게 독이 되는가

약과 독의 두 얼굴

2014년 영국 BBC는 셰익스피어 탄생 450주년을 맞아 '셰익스피어 작품에 나오는 약과 독은 실제로 있었을까? 또 효과가 있었을까?'라는 제목의 특집 기사를 실었다.

셰익스피어 작품에는 마법의 효능이 있거나 독살을 목적으로 쓰이는 약초가 나온다. 《햄릿》에서는 헤보나hebona라는 독약이 나오는데 지난 수세기 동안 헤보나가 실제 존재하는지, 존재한다면 그 특성은 무엇인지에 관해 논란이 끊이지 않았다. 특히 숙부가 왕의 귀에 독약을 부어 죽이는 장면에서는 왕이 자신의 귀 안으로 액체가 흘러내리는 것을 느끼지 못했다는 점이 가장 이해하기 어렵다. 1950년 영국의 한 청각 치료 전문의는 독약이 기름에 잘 녹는 성질을 가지고 있어서 몸속으로 빨리 흡수되며, 독약을 체온과 비슷한 온도로 데워서 깊은 잠에 빠진 사람의 귀에 부으면 쥐도 새도 모르게 그 사람을 죽일 수 있다는 의견을 내놓기도 했다.

헤보나와 영어 이름이 유사하여 헤보나로 추측되는 약초 사리풀henbane은 사람을 마비시켜 죽일 수 있는 독초다. 현대에는 이 독초에서 히오시아민이라는 성분을 분리해 위장관 장애를 치료하는 약으로 쓰기도 한다. 몇몇 과학자들은 사리풀 팅크제(생약을 알코올에 넣어 우려낸 액체)가 귀 통증에 바르는 용도로 쓰이기는 했지만 고막이 손상되지 않는 한 귀에 넣은 독약은 몸속으로 흡수되기 어렵다고 주장했다.

BBC는 《로미오와 줄리엣》에서 줄리엣이 먹은 독약을 벨라도나belladonna로 추정했다. 가짓과 식물인 벨라도나는 고대부터 약으로 쓰였으며 동공을 확대시키는 기능이 있어 지금도 안과에서 동공을 확대시킬 때 쓰인다. 또한 열매와 잎 추출물을 먹으면 죽음에 이르게 해 'deadly nightshade'라고도 한다. 《로미오와 줄리엣》이 쓰인 무렵인 1597년에 나온 《약초 또는 식물의 일반 역사The Herball or generall Historie of Plantes》에는 "벨라도나 열매는 먹는 양에 따라 희열을 느끼다가 혼수상태에 빠지고 결국에는 사망에 이른다"는 내용이 쓰여 있다. 하지만 줄리엣이 깊은 잠에 빠져 혼수상태에 이를 수 있는 양의 벨라도나를 먹었다 하더라도 심장박동이 멈춰 죽었다고 착각하게 만들 수는 없다.

BBC는 셰익스피어 작품에 등장하는 독약이 실제 존재하는 약초인지, 그리고 작품에서와 같은 독성이 있는지에 관해 결론을 내리지는 못했다. 《로미오와 줄리엣》에 이런 대사가 나온다. "이 연약한 꽃잎 속에는 약 성분과 함께 강력한 독이 있다. 냄새를 맡으면 네 몸 전체에 퍼지는 활력을 느낄 수 있지만, 맛을 보면 심장과 함께 모든 감각이 죽게 되지. 약초처럼 인간에게도 두 가지 상반된 요소, 선과 악이 함께 자리 잡고 있다." 작품 속에서 인간의 선악을 드러내는 장치로 약과 독을 많이 등장시켰던 셰익스피어는 '약과 독의 양면성'을 잘 이해하고 있었던 것 같다.

약이기도 하고, 독이기도 한

50년에 로마제국 황제 네로의 군의관인 디오스코리데스는 《약물지De Materia Medica》에서 600종의 약초를 감별하는 법과 그 치료 효과 등에 관해 썼다. 그는 약초 50여 종은 먹으면 두통이 생기고 눈이 흐려지며 소화가 잘 안 되는 등의 부작용을 일으키며, 소크라테스가 마신 사약 독미나리와 같은 10여 개 약초는 독성이 매우 강해 치명적이라고도 했다. 디오스코리데스는 독초 중 일부는 치료 목적으로 사용하기도 했지만 대부분의 독초는 약으로서 가치가 없다고 하면서 약과 독은 서로 다르다는 점을 명백히 했다. 서양에서는 《약물지》를 바탕으로 1,500년 동안 약을 써왔기 때문에 이 책은 약의 기념비적인 자료로 평가되고 있다.

중세 스위스의 화학자이자 의학도인 파라셀수스는 역사상 처음으로 '약과 독의 양면성'에 관해 정의를 내렸다. "자연계의 모든 물질은 독이며 독이 아닌 물질은 없다. 얼마나 먹느냐에 따라 약이 될 수도, 또는 독이 될 수도 있다." 그의 생각은 자연을 관찰하고 실험을 통해서 문제를 해결하고자 했다는 점에서 의미가 크다.

파라셀수스가 "용량이 늘어나면 약이 독으로 변한다"고 주장한 것은 현재까지 인류가 접해온 모든 약, 즉 약초 뿐 아니라 동물, 광물, 곰팡이에서 추출한 약, 화학적으로 합성한 약과 바이오 약에 적용된다. 치료에 필요한 약이라도 너무 많이 먹거나 복용하는 기간이 길어질수록 몸의 다른 기관에 부작용이 나타날 위험성이 커진다는 것이다. 약국에서 직접 살 수 있는 해열진통제 아세트아미노펜으로 인한 간 독성 부작용으로 미국에서만 지난 10년간 1600여 명이 사망했다. 약은 치료 효과를 갖지만 먹는 양이

최초로 '약과 독의 양면성'에 관한 정의를 내린 파라셀수스
파라셀수스는 "자연계의 모든 물질은 독이며 독이 아닌 물질은 없다. 얼마나 먹느냐에 따라 약이 될 수도, 또는 독이 될 수도 있다"고 생각했다.

많아지면 독이 될 수도 있다는 점을 항상 기억해야 한다.

파라셀수스 주장과 반대로 소량의 독을 먹으면 과연 약이 될 수 있을까? 독poison이란 살아 있는 생명체에 해를 끼치거나 생명체를 죽일 수 있는 천연 물질과 인간이 만든 물질을 포함한다. 반면에 독소toxin는 살아 있는 세균, 곰팡이, 버섯, 생선 등에서 유래된, 몸에 해로운 물질이다. 따라서 독소는 독의 일부분으로 생각할 수 있다. 요즈음은 독과 독소를 따로 구별하지 않고 식품, 의약품, 농약, 살균제, 화장품 등에 포함된 독과 독소 모두를 유해화학물질toxic substance이라 부른다. 중금속인 비소는 암을 유발하는 대표적인 유해화학물질이지만 극소량을 급성전골수성 백혈병 치료제로 쓰기도 한다. 또한 보툴리눔 독소botulinum toxin는 의료 목적으로 소량씩 사용되는데, 특히 안면 근육을 마비시켜 주름살을 펴는 보톡스 주사제로 쓰인다.

"최고의 독약이 최고의 명약"이라거나 "독을 독으로써 치료한다"는 주장이 있지만 여기에는 과학적인 근거가 전혀 없다. **비소나 보톡스처럼 특별한 의료 목적이 아니라면 적은 양의 독이 질병 치료에 효과가 있다는 증거가 없다.** 약은 용량에 맞게 먹으면 효과가 있지만 먹는 양이 많아지면 부작용이 생기고 심하면 사망으로 이어진다. 반면에 독은 인체에 유해한 성분만 있을 뿐, 양을 줄인다고 해서 약이 되지는 않는다. 정부가 유해화학물질의 인체 노출 허용치를 철저히 관리해야 하는 이유다.

독성이 나타나는 형태에는 두 가지가 있다. 산에서 채집한 독버섯을 식용으로 잘못 알고 먹으면 몇 시간 이내에 독소 신경마비로 사망한다. 반면에 중국에서 날아오는 황사에 섞인 중금속에 장기간 노출되면 천식이나 폐질환에 걸릴 위험이 높아진다. 노출 형태에 따라, 24시간 이내에 나타나는 독성 효과는 급성 독성acute toxicity이라 부르며 미세먼지처럼 장기간 소량씩 노출되며 부작용이 축적되어 일어나는 독성 효과는 만성 독성chronic toxicity이라고 한다.

술을 예로 들면 하루저녁에 과음으로 사망하는 경우도 있고, 알코올의존자처럼 매일 술을 마셔 몸이 망가지는 경우도 있다. 술에 의한 급성 독성 사망의 원인은 호흡마비이지만, 만성 독성으로 알코올의존자들에게 나타나는 질환은 간경화나 간암이다.

이렇게 급성 독성과 만성 독성 증상이 나타나는 기관과 그 증상은 일반적으로 일치하지 않는다. 우리 주변에는 급성 독성보다는 오히려 낮은 농도로 장기간 노출되는 만성 독성이 주를 이룬다. 유해화학물질에 의한 만성 독성은 천식, 간 질환, 암, 심혈관 질환 등과 같은 다양한 증상으로 나타난다.

급성 독성과 만성 독성에 쓰이는 해독제도 각각 다르다. 복어 중독, 뱀독, 다량의 약 복용, 농약 중독으로 인한 급성 독성 사고가 일어나면 해독제로 치료할 수 있다. **반면 장기간 조금씩 독에 노출되어 일어나는 만성 독성 사고에는 특별한 해독제가 없다.** 이런 이유로 정부는 유해화학물질에 의한 만성 독성을 예방하기 위해 인체 허용 기준을 정해 체계적으로 관리하고 있다. 개인 차원에서는 주변 생활환경에 존재하는 위험 요소를 확인하고 불필요한 화학물질 사용과 노출을 줄여야 한다. 그리고 환경에 존재하거나 생활용품에 포함된 화학물질이 인체에 안전한지 의심스러울 때에는 인터넷에서 얻은 정보로 판단하기보다는 전문가와 상담하는 것이 좋다.

약은 우리 몸에서 어떻게 독이 되나

약은 소화관과 피부, 폐를 통해 흡수된다. 기관마다 흡수되는 속도에 차이가 있어 피부를 통한 흡수는 소화관이나 폐와 비교해 느린 편이다. **비타민을 물에 잘 녹는 수용성과 기름에 잘 녹은 지용성으로 분류하듯이, 샴푸와 같은 수용성 화학물질은 인체에 흡수가 잘 안 되지만 살충제와 같은 지용성 화학물질은 흡수가 빠른 편이다.** 흡수된 뒤 혈액으로 들어간 약은 심장과 기관지 등과 같은 주요 기관에 전달된다. 인체에 중요한 기관인 뇌, 정소, 난소 등은 약이 침투되는 것을 막기 위해 특수한 장벽에 둘러싸여 있다. 그런데도 지용성 물질은 그 장벽을 쉽게 투과할 수 있다.

체내에 들어온 약은 간 대사 효소에 의해 대사되어 오줌이나 변을 통해 몸에서 빠져나간다. 일부 대사된 물질인 대사체는 화학 결합 능력이 뛰어나 세포 내 구성 성분인 단백, 핵산, 지방과 결합해 독성을 나타낼 수 있다. 즉 약이 독으로 변할 수 있는 것이다. 예컨대 해열진통제인 타이레놀은 간 대사 효소에 의해 활성 대사체로 변하면 주요 단백과 결합해 간 독성을 지닌다. 물론 활성 대사체가 만들어진다고 해서 모두 독성을 가지는 것은 아니며 인체는 놀랄 만한 해독 능력을 갖고 있어 활성 대사체를 몸 밖으로 배설할 수 있다. 하지만 약으로부터 활성 대사체가 많이 만들어지거나 몸의 해독 능력이 포화될 때 인체 부작용이 나타나는 것이다.

신약 개발의 목적은 효능은 강하지만 독성은 최소화시킨, 즉 약과 독의 양면성을 극복하는 것에 있다. 일단 효능 시험에서 뛰어난 효과를 보인 신약 후보 물질을 두고 작은 흰쥐를 사용해 독성 실험을 한다. 사람과 흰쥐는 생리와 대사 과정 등이 상당히 유사해 흰쥐에서 관찰된 독성을 보면 사람에게 나타날 수 있는 독성을 비교적 잘 예측할 수 있다. 동물을 사용한 전前 임상 독성 시험을 완료한 뒤에는 시판 전에 반드시 사람을 대상으로 임상 시험을 해 안전성 및 효능을 검증한다. 또한 식품의약품안전처(이하 식약처)는 시판 허가를 내린 뒤에도 부작용을 지속적으로 모니터링하는 시판 후 감시Post Market Surveillance; PMS를 하고 있다.

정부에서 약을 허가하고 관리하는 것처럼 유해화학물질도 정부가 관리한다. 중국에서 날아오는 황사, 땅콩에서 잘 번식하는 발암물질인 아플라톡신, 먹는 물에 들어 있는 비소 등과 같은 많은 인체 유해화학물질을 두고 정부는 환경 내 노출 허용 기준치를 어떻게 정할까? 발암물질인 아플라톡신을 예로 들어 설명해보자.

먼저 흰쥐를 4~5그룹으로 나누어 아플라톡신 고용량(실제 사람에 노출될 수 있는 양의 100배나 500배 수준)을 사용해 독성 시험을 한 뒤 간암이 발생한 개체수를 찾아내어 용량—반응(아플라톡신 용량—간암) 사이의 관계를 볼 수 있는 도표를 그린다. 각각의 흰쥐 그룹에서 10마리 내외의 실험동물에 고용량 독성 시험을 해서 용량—반응 도표를 찾아낸 뒤 사람에게 노출될 수 있는 저용량으로 독성을 낮춰서 확률을 거꾸로 산출하는 것이다. 동물을 이용한 고용량 시험 결과로부터 사람에게 노출될 수 있는 저용량을 확률을 통해 찾아내는 과정을 위해성 평가risk assessment라고 한다. 여기에는 동물과 사람의 생물학적 차이에서 기인하는 불확실성이 존재한다. 그러나 불확실성을 줄이기 위해 정밀과학이 활용되며 이를 통해 정부는 인체에 유해하지 않도록 오염물질 기준치를 설정하고 관리한다.

약 또는 독에 민감한 특이체질을 미리 알 수는 없을까

동서양에서는 사람의 성격과 건강을 좌우하는 체질을 어떻게 바라보았을까? 히포크라테스는 인체를 구성하는 4가지 체액(혈액, 점액, 황담즙, 흑담즙)이 성격(낙천, 냉정, 다혈질, 우울)과 건강을 좌우한다고 말했다. 한의학에서는 체질을 태양인, 소양인, 태음인, 소음인으로 나누어 이들 체질 각각의 성격이 다르기 때문에 체질에 맞는 음식과 약을 선택해야 한다고 말한다. 20세기 초반에 일본 과학자는 혈액형에 따라 성격이 다르다는 이론을 일반화시키며 이를 지능과 식생활로까지 확장시켰다. 하지만 통계나 과학적 근거에 기반을 두지 않은, 인종주의를 바탕에 둔 연구라는 비판을 받았다. 혈액형에 따른 성격 구분을 진지하게 받아들일 필요는 없지만, 혈액형은 수혈받을 때 매우 중요하기 때문에 자신의 혈액형은 반드시 기억해야 한다.

현대 과학은 다양한 유전적 특성을 갖고 태어난 사람이 약에 어떻게 반응하는지 그 방식을 밝히기 시작했다. 그 가운데 특이체질이란 어떤 약이나 물질에 대해서 비정상적 반응(부작용)을 일으키는 체질을 말한다. **특이체질인 사람은 그렇게 많지 않지만 특정 약에 부작용이 나타나면 사망할 확률이 높으며 부작용은 3~4일 이내에 나타나기도 하지만 1년 뒤에 나타나는 경우도 있다.** 유전적 요인에 따라 몸에서 약의 활성 대사체가 만들어지는 것에 차이가 있어 면역 이상 반응이 일어난다고 알려져 있다. 병원에서 주사를 맞을 때 간호사가 예전에 페니실린 쇼크를 경험한 적이 있느냐고 물어보는 경우가 있다. 페니실린 쇼크는 인구의 3~5%에게 나타나는 과민성 질환으로 대부분 발열과 같은 사소한 부작용에 그치지만 심한 경우 혈압 저하, 호흡곤란 등으로 사망할 수 있다. 자신이 페니실린에 특이체질인지 아닌지는 주사 전에 피부 발진 반응 시험을 통해 간단히 확인할 수 있다.

특이체질은 유해화학물질 같은 독에도 반응한다. 매일 두 갑씩 담배를 피워도 평생 폐암에 안 걸리는 사람이 있는 반면에 담배를 반 갑만 피웠는데도 폐암으로 일찍 죽는 사람도 있다. 적은 흡연량으로도 자신이 일찍 폐암에 걸릴 수 있음을 사전에 알았다면 절대로 담배를 피우지 않았겠지만 흡연자의 폐암 발생 여부는 미리 알 수 없다. 다만 폐암은 유전적 · 환경적 요소와 밀접한 관계가 있어 집안에 폐암 환자가 있는 경우나 근무 중 석면 등에 노출되는 경우에는 담배로 인한 폐암 위험성이 매우 커진다고 말할 수 있다.

현재 다국적 제약 기업의 가장 큰 딜레마는 신약을 개발할 때 특이체질인 사람이 그 약을 먹고 난 뒤 겪을 부작용을 사전에 예측하기가 매우 어렵다는 점이다. 특이체질 부작용 발생 빈도가 매우 낮기 때문에(1000분의 1 이하) 동물실험으로는 약에 대한 민감도를 미리 파악할 수 가 없다. 약은 많은 사람이 먹은 뒤에야 비로소 인체 부작용을 파악할 수 있는데, 이 부작용이 경우에 따라 매우 치명적일 수 있다. 또한 부작용에 대한 막대한 피해 보상금 때문에 다국적 제약 기업의 생존이 위협받기도 한다. 당뇨병 치료제로 개발된 트로글리타존은 특이체질 부작용으로 간 독성이 나타나 63명이 사망하여 판매가 금지되었고, 제약 회사는 약 2조 원이 넘는 피해 보상금을 지불해야 했다.

약은 질병을 치료하는 데 쓰이지만 너무 많이 먹으면 부작용이 생기는 양면성을 가지고 있다. 또한 특이체질에 의한 약의 부작용은 발생 빈도가 낮더라도 매우 치명적일 수 있다. 현재 특이체질을 약 처방 전에 예측하기 위한 개인 맞춤형 의약 연구가 활발히 진행되고 있다. 약은 항상 우리에게 혜택만 주는 것이 아니라, 부작용의 위험도 따른다는 사실을 기억하고, 필요한 약을 적절히 사용할 수 있도록 전문가의 도움을 받아야 한다.

탈리도마이드가 죽인 아이들

50년 전 켈시 박사가 없었으면 이 자리에 수십 명은 참석하지 못했거나 아니면 가족의 도움을 받아 장애인의 몸으로 참석했을지 모릅니다. 미국 국민 모두는 켈시 박사에게 감사해야 합니다. 이제 우리는 과거 50년 동안 이뤄낸 유해화학물질의 인체 안전성 연구 성과를 되돌아보며 미래를 준비해야 합니다.

2011년 3월 워싱턴 DC에서 전 세계 1만여 명이 참석한 미국독성학회SOT 학술대회가 열렸다. 주요 행사인 명예 회원 추대식에서 사회자는 프란시스 켈시Frances Kelsey 박사를 소개했다. 켈시 박사는 전 세계 수많은 기형아를 태어나게 한 의약품 탈리도마이드의 미국 내 시판을 허가하지 않아 기형아 출생을 막은 공로로 명예 회원 자리에 올랐다

1960년 미국 FDA에서 근무한 켈시는 탈리도마이드 미국 내 허가 자료를 검토하는 임무를 맡았다. 이미 여러 국가에서 판매 허가를 받

은 약이지만 켈시는 탈리도마이드가 안전한 약인지를 확실히 밝히고자 임상 시험 결과 등 더 많은 근거 자료를 요구했다. 제약 회사와 FDA 고위 관리들이 대충 넘어가라며 켈시에게 압박을 가했지만, 그녀는 자신의 뜻을 굽히지도, 타협하지도 않았다. 당시에는 FDA에서 시판 승인을 받는 데 임상 시험 자료가 꼭 필요한 것은 아니었다. **그러나 과거의 연구 경험을 통해 일부 약이 태반을 자유롭게 통과한다는 사실을 알았던 켈시는 탈리도마이드 위험성을 의심했고, 끝내 미국 내 시판을 허가하지 않**

탈리도마이드로부터 수많은 생명을 구한 켈시 박사

진정제와 수면제로 쓰이던 탈리도마이드가 입덧에 효과가 있음이 알려지자 탈리도마이드는 전 세계적으로 팔리기 시작했고 이로 인해 약 1만 2000명의 기형아가 태어났다. 하지만 미국은 FDA 연구원이었던 켈시 박사의 결단으로 탈리도마이드 비극을 피할 수 있었다. 켈시 박사는 탈리도마이드의 위험성을 의심했고 미국 내 시판을 끝내 허가하지 않았다.

았다.

〈워싱턴포스트The Washington Post〉는 "FDA 영웅이 해로운 약 판매를 막았다. 켈시가 아니었으면 미국에서 수백 명 아니 수천 명의 아이가 팔이 없거나, 다리가 없이 태어날 수도 있었다"고 극찬했다. 대중매체와 국민이 많은 찬사를 보냈지만 그녀는 함께 일한 조수들과 상사가 자신의 결정을 강하게 지지해준 덕분이라며 겸손함을 표했다. 1962년 켈시는 케네디 대통령에게 최고시민봉사 대통령상을 받았다. 켈시의 업적은 FDA가 자국민과 전 세계로부터 식품 및 의약품 안전 관리에서 신뢰를 얻는 데 큰 기여를 했다.

수면제에서 입덧 약으로, 무섭게 번진 탈리도마이드

제2차 세계대전이 끝나고 전쟁 후유증으로 많은 사람이 불면증에 시달렸다. 미국인 7명 중 1명은 규칙적으로 진정제를 먹었고, 유럽에서도 진정제를 찾는 사람들이 더욱 늘어났다. 탈리도마이드는 1954년 독일 제약 회사 그뤼넨탈Grünenthal이 진정제와 수면제 용도로 개발했는데, 의사 처방 없이 살 수 있는 약이었다. **그뤼넨탈은 흰쥐 실험에서 치사량을 발견할 수 없을 정도로 인체에 무해하며 '임산부를 포함한 모든 사람에게 완전히 안전하다'라고 허위 광고를 했다.** 1960년까지 탈리도마이드는 46개국에서 판매되었으며, 판매량은 해열진통제인 아스피린 판매량에 육박했다. 이 무렵 호주의 한 산부인과 의사가 세계산부인과학회에 탈리도마이드가 입덧에 효과가 있다고 보고했고, 그 뒤 전 세계 산부인과 의사들이 입덧 치료에 탈리도마이드를 처방하는 것이 유행처럼 번졌다.

탈리도마이드는 태아에 전혀 안전하지 않았다. 첫 번째 희생자는 그뤼넨탈사 직원의 딸로 귀가 없는 상태로 태어났다. 시판 전 제약 회사가 직원을 대상으로 임상 시험을 한 것인지는 밝혀지지 않았다. 탈리도마이드를 복용한 산모에게서 팔다리가 짧거나 없는 신생아들이 계속 태어났다. **1961년에 의학 학술지 〈란셋〉에 탈리도마이드를 복용한 임산부가 심각한 상태의 기형아를 출산한 사실이 발표되었다.** 독일 신문에서도 탈리도마이드 복용으로 161명의 기형아가 태어난 것이 보도되자, 처음에는 관련성을 부정했던 제약 회사는 1961년 말 독일 내 판매를 중단했다. 이어 1962년 3월까지 대부분의 국가가 탈리도마이드 판매를 금지했다. 탈리도마이드 판매 시작부터 판매 금지가 내려질 때까지 치른 5년간의 대가는 너무 컸다. 전 세계에서 약 1만 2000명의 기형아가 태어났으며, 죽어서 태어난 사산아도 세지 못할 정도로 많았다.

기형아로 태어난 아이를 버리거나, 의사와 공모해 기형아로 태어난 아기를 안락사 시키는 비극적 범죄도 이어졌다. 현재까지 생존한 탈리도마이드 피해자 6000여 명은 만성 통증과 피로에 시달리고 있으며 병에 걸리면 정상인보다 건강이 훨씬 더 빨리 악화된다고 알려져 있다. 일본에는 탈리도마이드로 인해 기형아로 태어나 현재까지 살아 있는 사람이 300여 명 있다. 다행히 당시 우리나라에는 탈리도마이드가 수입되지 않아, 이 비극으로부터 벗어날 수 있었다. 1950년대 후반은 6·25 한국전쟁 뒤의 베이비붐으로 국내 인구가 급격히 늘어난 때

였기 때문에 탈리도마이드가 국내에 들어왔다면 얼마나 큰 재앙이 되었을지 생각만 해도 아찔하다.

탈리도마이드 사건은 오늘날 의약품 허가 심사 제도의 기틀이 마련되는 계기가 되었다. 1962년 미국 의회는 미국에서 판매되는 의약품 허가와 감시 체계를 강화한 법률을 통과시켰다. 그 내용은 이러했다. 첫 번째로 제약 회사는 신약이 안전하고 유효한지를 반드시 임상 시험을 거쳐 확인한 뒤 FDA에 자료를 제출해야 하고, FDA는 심사를 거쳐 허가를 내준다는 것이다. 그리고 자료 심사 기간도 60일에서 180일로 늘렸는데, 이는 조급하게 시판 허가를 내주던 관행에 제동을 건 것이었다. 두 번째로 신약뿐 아니라 기존 의약품 관리에 대한 FDA 권한이 강화되었다. 이로써 1938~62년에 시판된 모든 약의 유효성을 다시 평가한 결과, 전체 약 가운데 40%가 효능이 없다고 판명되었고, 600여 개의 약이 시장에서 퇴출되었다. 세 번째로 FDA는 약의 겉포장에 부작용을 표시하게 하고 처방 약의 광고를 제한할 수 있는 권한을 갖게 되었다. 제약 회사는 약과 관련된 부작용 기록을 보관하고 신속하게 FDA에 보고해야 했다.

그러나 탈리도마이드는 사라지지 않았다. 1964년 이스라엘의 한 의사는 피부 통증이 심한 나병, 즉 한센병 환자에게 탈리도마이드를 주사하자 통증이 없어진 것을 알게 되었다. 그 뒤 임상 시험을 거쳐 탈리도마이드로 한센병을 치료할 수 있음이 확인되었다. 브라질은 한센병 환자가 가장 많은 나라 가운데 하나로 매년 환자가 3만 명이나 된다. 특히 빈민가에 거주지가 밀집되어 있고 의료 시설이 부족한 지역을 중심으로 한센병 환자가 늘어나 1965년 이래 수백만 정의 탈리도마이드가 쓰이고 있다. 브라질 정부는 임산부에게 탈리도마이드를 처방하지 않도록 철저하게 관리했음에도 2010년까지 100여 명 이상의 기형아가 태어났다. 이에 세계보건기구는 탈리도마이드가 잘 관리되지 못하는 아프리카 및 제3세계에서는 한센병 치료에 탈리도마이드 사용을 금지하고 대체 약을 쓸 것을 권했다.

한편 탈리도마이드는 혈액 암 치료에 쓰이기도 한다. 새로운 혈관이 만들어지는 것을 차단하면 암의 성장과 전이를 막을 수 있다는 이론을 제시한 하버드 의대 주다 포크먼Judah Folkman 교수는 1990년에 탈리도마이드가 특히 혈액 암에서 혈관이 새로 생기는 것을 억제하는데 효과가 있다고 밝혔다. 2007년에 FDA는 엄격하게 사용·관리한다는 조건 아래, 혈액 암의 일종인 다발골수종에 탈리도마이드를 사용하도록 승인했다. **기존 약물을 새로운 용도로 사용하는 드러그 리포지셔닝drug repositioning을 통해 부활한 탈리도마이드는 국내에서도 쓰이고 있다.**

탈리도마이드 사건은 반세기가 지난 뒤에도 지속적으로 논란을 불러일으켰다. 2012년 〈뉴스위크〉는 제약 회사 그뤼넨탈과 나치와의 관련성을 심층 보도했다. 아우슈비츠 수용소에서 사용된 신경 독가스를 개발했던 다수의 책임자가 그뤼넨탈의 고문으로 활동하면서 탈리도마이드 개발에 핵심적인 역할을 했으며, 동물실험 및 임상 시험을 충분히 거치지 않았다는 것이다. 물론 그뤼넨탈은 나치와의 관련성을 부인했다. 2012년이 되어서야 그뤼넨탈은 탈리도마이드 사건 뒤 처음으로 공식 입장을 발표했다. 그것도 '사죄'가 아닌 '유감'이라고 말이다. 생존자들은 공식 입장 발표가 너무 늦었을뿐더러 그뤼넨탈이 보인 진정성 없는 태도에 분노했고 모욕감을 느꼈다. 그러나 그뤼넨탈은 아직까지 자신의 책임도, 자신이 탈리도마이드 사건에 중추적 역할을 했다는 점도 인정하지 않는다.

피해자 보상은 어떻게 이루어졌을까? 1960년대 당시에 탈리도마이드 사건으로 유죄판결을 받은 관련자는 없었기 때문에 독일 정부와 제약 회사가 공동으로 재단을 세워 기금을 마련하는 방식으로 분쟁이 해결되고 있다. 현재는 기금이 바닥나 특별법에 따라 독일 정부에서 매달 생존자에게 지원금을 주는 실정이다. 이를 두고 독일 정부가 음성적으로 자국의 제약 회사를 보호하고 있다는 주장도 있다. 탈리도마이드 사건에 비추어 봤을 때 한국의 가습기 살균제 피해자들에 대한 향후 법적 조치와 피해 보상이 확실히 이루어질 필요가 있다.

임산부가 약을 먹을 때 조심해야 할 시기

과학자들은 탈리도마이드에 의해 기형아가 생기는 원인을 규명하기 시작했다. 흥미로운 사실은 임신 중 똑같이 탈리도마이드를 복용했더라도 누구는 기형아를, 누구는 정상아를 낳았다는 것이다. 임신 중 탈리도마이드를 복용한 임산부를 대상으로 연구한 결과, 약의 부작용이 나타나는 데에는 복용량뿐 아니라 복용 기간도 매우 중요하다는 점, 그리고 임신 중 특히 약에 민감한 시기critical period가 있다는 것도 알게 되었다. 수정란이 만들어진 뒤 20일(마지막 생리 기준으로 34일) 이전 또는

36일(마지막 생리 기준으로 50일) 이후에 탈리도마이드를 먹은 경우에는 기형아가 태어나지 않았지만, 마지막 생리 뒤 34일째부터 50일까지 15일 동안 탈리도마이드를 먹은 임산부에게서 귀, 눈, 팔, 손가락, 항문에 각각 이상이 있는 아이들이 태어났다. 이 민감한 15일 동안 계속 탈리도마이드를 먹은 경우에는 태아의 귀, 팔, 다리에 심각한 이상이 생겼거나, 임산부 대부분이 조산했다. 탈리도마이드로 태어난 아이 가운데 약 40%는 돌이 지나기 전에 사망했다.

임산부의 입덧 기간은 약에 민감한 시기와 일치한다. 입덧은 외부 독소로부터 태아를 보호하기 위해 몸에 보내는 경고이자 신호다. 최근 연구에 따르면 입덧이 없으면 유산 가능성이 높아지는데, 초기에 임신 사실을 모르고 태아에 좋지 않은 독소를 섭취할 가능성이 높아지기 때문이다. 태아의 수정란에서 기관과 장기가 형성되는 동안에는 태아의 중추신경, 팔, 다리, 심장 등이 약이나 유해화학물질에 매우 민감해져서 유산되거나 나중에 기형아가 태어날 가능성이 높다. 민감한 시기에 약을 먹으면 탈리도마이드처럼 태아의 외관에 장애가 생기는 것이 문제가 되지만 중추신경계에 영향을 미쳐 지적 장애나 행동 장애 등도 나타날 수 있다. 문제는 다음 달에 임신 사실을 알고 약을 조심할 때는 이미 민감한 시기가 지나버렸다는 점이다. 대부분의 여성은 임신 사실을 4~6주가 지나서야 알게 되기 때문이다.

국내에서는 임산부 금기 의약품은 의약품 안심 서비스를 통해 식약처가 수시로 공고하고 있으며 1등급과 2등급으로 금기 의약품을 분류한다. 1등급 금기 의약품은 태아에게 미치는 위험성이 명확해 의학적으로 불가피한 경우 외에는 임산부가 먹어서는 안 된다. 2등급 금기 의약품은 태아에게 미치는 위험성이 높지만 치료했을 때의 유익성이 위험성보다 더 높을 경우 신중하게 투여할 수 있다. 임신 중에는 반드시 필요한 경우가 아니라면 약을 먹지 않는 것이 좋다. 실제로 태어난 기형아 가운데 2~3%는 약이 그 원인이라고 알려져 있다. 당뇨, 고혈압, 알레르기, 우울증 등으로 불가피하게 약을 먹어야 하는 경우에는 의사, 약사, 기타 보건 전문가의 도움을 받는 것이 좋다.

엄마가 마신 술을 태아가 그대로 마신다

1968년에 한 프랑스 과학자가 술을 마신 임신부에게서 태아 알코올 증후군Fetal Alcohol Syndrome; FAS이 관찰된다는 결과를 최초로 보고했다. 미국에서는 연간 4000~1만 2000여 명이 이 증후군을 갖고 태어난다. 국내에서는 2010년 처음으로 초등학생을 대상으로 연구를 했는데, 유병률이 0.51% 정도로 나타났다. 태아 알코올 증후군은 성장 장애, 뇌소증, 심각한 지적 장애를 특징으로 한다. 그리고 태아 알코올 증후군을 갖고 태어난 아이의 얼굴은 특징적으로 인중이 뚜렷하지 않고 윗입술이 매우 가늘며 미간이 짧다. 또한 겉으로 보기에는 보통 신생아와 다르지 않지만, 행동 장애와 지적 장애를 가지고 태어난 경우, 태아 알코올 스펙트럼 장애Fetal Alcohol Spectrum Disorder; FASD라고 부른다.

미국과 유럽에서 태어난 어린이 가운데 2~5%는 태아 알코올 스펙

트럼 장애 증상을 갖고 있다. 엄마가 술을 마시면, 몸에 흡수된 알코올이 쉽게 태반을 통과하기 때문에 태아가 술을 마시는 것과 같다. 또한 제대로 생성되지 않은 태아의 간은 술을 분해시킬 수 없다. 술을 조금만 마시면 어떨까? **한 연구에 따르면 하루에 술을 한 잔씩 마신 임산부에게서 태어난 아이는 행동 장애와 학습 장애를 보였다고 한다.** 그리고 임산부가 단기간에 폭음을 하는 경우, 이는 태아의 뇌 발달에 치명적이다.

과학적으로 태아에게 어떤 종류의 술이 안전하고, 어느 정도까지 마셔야 안전한지가 아직 밝혀지지 않았기 때문에 선진국에서는 "임신기에 태아에게 안전한 음주량은 없다"고 강조한다. 특히 임신 초기에 마시는 술은 유산이나 태아 알코올 증후군에서 보이는 얼굴 특징을 유발할 가능성이 높다. 태아의 뇌는 지속적으로 발달하기 때문에 임신 초기가 아니더라도 술을 마시면 태아의 뇌 성장에 영향을 미칠 수 있다.

2009~10년에 실시한 한 조사에서 국내 신생아 대비 기형아 출산은 100명당 5.5명으로 약 8%인 후진국과 4%인 선진국과 비교하면 낮은 수준은 아니다. 기형아 출산의 20%는 유전적 요인, 10%는 환경적 요인으로 밝혀졌다. 임산부가 풍진 바이러스에 감염되었거나 간질과 우울증 치료제를 먹었다면 이는 환경적 요인이라 하겠다. 또한 영양 불균형, 한약, 담배, 살충제, 중금속, 플라스틱 성분, 대기오염 등도 기형아 출산에 영향을 줄 수 있는 환경적 요인이다. 태어난 기형아의 70%는 그 원인을 정확히 모르며 단지 환경적 요인과 유전적 요인이 복합적으로 작용한 결과라고 과학자들도 추정할 뿐이다.

우리의 주변 환경은 이미 많은 화학물질 위험에 노출되어 있다. 이러한 환경에서 건강한 아이를 낳기 위해 산모는 무엇을 어떻게 준비해야 할까? 임산부나 임신 계획이 있는 산모는 먼저 정확히 알려진 위험에 노출되는 것을 피해야 한다. 예를 들어 엽산이 부족하면 기형아를 출산할 위험이 있으므로 엽산을 충분히 먹어야 하며, 한약 복용, 음주, 흡연을 삼가고 사전에 풍진 바이러스 검사를 하는 것이 좋다.

탈리도마이드 사건은 약의 효능만을 강조해온 기업, 정부 관리, 전문가에게 소비자의 안전이 훨씬 더 중요한 가치임을 보여준 중요한 사건이었다. 미국 정부는 켈시 박사의 어렵고 용기 있는 결단으로 피해자가 거의 없었음에도 과학적 근거를 기반으로 일관성 있고 투명한 의약품 안전 정책을 수립해왔다. 또한 미국독성학회가 세워져 인체 독성 원인에 대한 많은 연구가 이루어졌다. 현재 미국의 안전성 평가 기술은 전 세계를 주도하고 있다. 최근 국내 산업계와 일부 전문가들은 바이오 의약품과 줄기세포를 이용한 치료제 등에 대한 허가를 완화해달라고 정부에 요구하고 있다. 의약품 관리 정책은 소비자 안전이 최우선이며 정부 정책과 전문가에 대한 국민의 신뢰는 하루아침에 쌓이는 것이 아님을 기억해야 한다.

가습기 살균제 사건을 이렇게 끝내면 안 되는 이유

가습기 살균제 사건은 21세기에 도저히 일어나서는 안 될 비극이다. 현재 공식적인 사망자만 239명, 신고된 피해자만 5600여 명이다. 가습기 살균제를 사용했지만 몸의 이상 증세를 스스로 알아차리지 못했을 수도 있고, 건강이 나빠졌지만 가습기 살균제 탓인지 뚜렷이 밝힐 수 없는 경우까지 생각하면 얼마나 많은 사람이 피해를 입었는지 정확히 알 수조차 없다. 2016년 7월 가습기 살균제 국회 국정조사특별위원회의 전문위원이었던 나는 정부 부처 간의 칸막이 행정과 무사안일주의, 이윤만을 추구하는 가해 기업의 행태, 문제를 해결할 만한 사회 경험과 과학 기반이 없는 전문가들의 민낯 등 우리 현실을 마주하는 내내 몹시 부끄러웠다.

1994년 SK 케미컬(당시 유공)은 국내 최초로 CMIT(클로로메틸이소티아졸리논)와 MIT(메틸이소티아졸리논)가 들어간 가습기 살균제 '가습기 메이트'를 출시했다. 당시 일부 언론은 '가습기 살균제 신제품 개발, 인체에 무해하다'라고 보도했다. 그 뒤를 이어 옥시 레킷벤키저(이하 옥시)는 2001년에 유독 물질 PHMG(폴리헥사메틸렌구아니딘)가 들어간 가습기 살균제를, 세퓨는 2006년에 PGH(염화에톡시에틸구아디닌)이 들어간 가습기 살균제를 국내 시장에 내놓았다.

가습기 살균제 피해로 의심되는 첫 번째 사망자가 나온 것은 2002년이었다. 이후 2006년부터 약 5년간 폐질환으로 병원을 찾은 어린이 환자가 늘어났고 사망자도 계속 발생했지만 어디서도 정확한 원인을 찾지 못했다. 거의 5년간 피해자들을 방치한 셈이다.

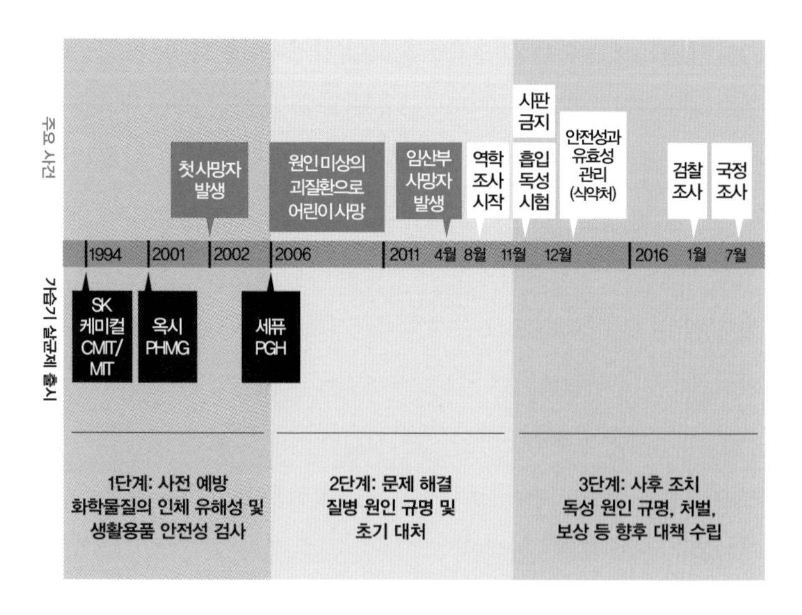

가습기 살균제 사건 타임라인

가습기 살균제가 처음 판매된 1994년부터 피해자 보상을 위한 특별법이 제정되기까지는 20여 년이 걸렸다. 수많은 사람의 건강과 삶을 망가뜨린 직접적인 가해자는 기업이지만, 정부와 전문가 집단, 언론에게도 책임이 있다.

2011년 폐질환 환자 8명 가운데 임산부 4명이 사망하자 그제야 역학조사가 이루어졌다. 동물을 이용한 흡입 독성 시험 결과, 원인을 모른다던 폐질환은 가습기 살균제와 관련이 있다는 사실이 밝혀졌고, 그해 11월 가습기 살균제 판매 금지 조치가 내려졌다. 곧이어 보건복지부가 가습기 살균제를 '의약외품'으로 지정했고 식약처에서 안전성과 유효성을 관리하도록 했다. 그 뒤 환경 단체와 국회가 나서서 가습기 살균제 피해 현황과 보상, 그리고 판매 허가부터 피해자가 나오기까지 책임 소재에 관한 정밀 조사가 필요하다고 주장했지만, 2016년 1월이 되어서야 본격적인 검찰 조사가 시작되었다. 이때에야 비로소 가습기 살균제 사건이 세상에 알려졌다.

특별법 제정까지 20년, 더 빨리 막을 수 없었나

가습기 살균제가 처음 판매된 1994년부터 피해자 보상을 위한 특별법이 제정되기까지는 20여 년이 걸렸다. **수많은 사람의 건강과 삶을 망가뜨린 직접적인 가해자는 기업이지만, 정부와 전문가 집단, 언론에게도 책임이 있다.** 가습기 살균제 사건은 왜 신속히 해결되지 못했고, 그 원인이 무엇인지 3단계로 나누어 살펴보려 한다.

사전 예방 단계인 1단계에서는 가습기 살균제를 시판하기에 앞서 가습기 살균제 성분이 우리 몸에 어떤 해를 입힐 수 있는지를 판단하는 정부 부처가 그 성분을 점검하는 역할을 충실히 해야 했다. 환경부는 가습기 살균제 성분 CMIT/MIT가 이미 미국에서 사용되고 있는 화학물질이라는 이유로 인체 유해성 심사 대상에서 제외시켰다. 하지만 미국에서 CMIT/MIT는 공업 또는 산림 분야에서 살균용 농약으로 쓰이는, 인체 호흡기에 유해하고 독성이 강한 물질이었다. 또한 환경부는 카펫 항균제와 목재 항균제로 각각 제조·신고된 PHMG와 PGH가 유독 물질이 아니라고 판정했다. 산림과 공업, 카펫 세정·살균용 화학물질이 어떻게 사람에게 직접 노출되는 가습기 살균제로 사용될 수 있었을까? 세정·살균용으로 허가된 화학물질을 인체 호흡기로 들이마시는 가습기 살균제로 사용하려면 동물을 이용한 흡입 독성 시험 자료가 있어야 했다. 그런데 그 자료도 없고 인체에 유해한지 여부가 확인되지 않은 채 판매되기 시작했다. **생활용품의 안전을 담당하는 산업통상자원부는 일부 가습기 살균제에 제품이 안전함을 국가가 인증한다는 KC마크를 부여하기도 했다.**

정부의 제도적 허점과 전문성이 결여된 판단만 문제가 된 것은 아니었다. 소비자의 안전은 전혀 고려하지 않는 기업의 행태가 곳곳에서 드러났다. SK 케미컬은 영업 비밀이라며 가습기 살균제를 제조한 애경과 유통을 담당했던 이마트에 성분명과 물질안전보건자료를 제공하지 않았고, 애경과 이마트는 원료가 된 물질이 무엇인지, 소비자에게 안전한 물질인지 확인하지 않고 제품을 판매했다.

유해한 제품으로부터 소비자를 보호해야 하는 공정거래위원회와 소비자원도 책무를 다하지 못했다. 인체에 무해하다는 허위 광고에 어떠한 제제나 시정 명령을 내리지 않았고, 소비자들이 가습기 살균제가 호흡기 질환에 위험한지를 계속 물어왔음에도 이에 대처하지 않아 마땅히 해야 할 의무와 책임을 저버렸다.

문제 해결 단계인 2단계에서는 폐질환 사망 원인이 가습기 살균제라는 사실이 하루라도 빨리 밝혀졌어야 했다. 2006년부터 원인을 알 수 없는 폐질환으로 사망한 어린이가 있다는 사실이 국내 학계에 처음으로 보고되었다. 2007~2008년에도 유사한 증상으로 어린이가 사망한 사례가 질병관리본부에 잇달아 보고되었지만, 질병관리본부는 대수롭지 않게 생각했다. 결국 5년이 지나도록 질병 원인을 파악하지 못했고, 피해자는 계속 늘어만 갔다. 폐질환은 바이러스 같은 세균, 유해화학물질, 생리적·유전적 요인에 의해 발생하는 질병이다. **하지만 국내 질병관리본부에는 유해화학물질에 의한 질환을 다루는 전담 부서가 없다.** 미국 질병관리본부처럼 유해화학물질에 의한 질환을 다루는 전문 부서가 따로 있었다면, 단기간에 원인을 밝혀내 피해자를 줄일 수 있었을 것이다.

사후 조치 단계인 3단계에서는 가습기 살균제와 폐질환과의 관련성에 관한 정확한 규명, 가해 기업과 책임자 처벌, 피해 보상, 법적·제도적 보완을 통한 향후 대책 수립 등이 체계적으로 이루어져야 했다. 하지만 정부는 해결책을 찾기보다는 사건을 덮기에 급급했고, 해당 부처들은 서로 책임을 떠넘기기에 바빴으며, 언론은 이 문제에 관심을 기울이지 않았다. 문제 해결에 실마리를 제공해야 할 전문가들은 가습기 살균제가 어떻게 폐를 손상시키는지, 호흡기 이외의 다른 장기에 나타난 부작용은 없는지, 폐질환 치료를 어떻게 해야 하는지에 대한 방향을 제시하지 못했다. 그 결과 **옥시는 외국에 독성 시험을 의뢰하고 대형 로펌에 법률 지원을 받으면서 가습기 살균제와 폐질환과의 관련성을 부**

정하는 행동을 서슴지 않았다. 이렇게 얼마나 많은 피해자가 있는지 조사도 미진했으며, 가해 기업 처벌과 피해 보상은 제대로 시작조차 하지 못한 채 5년이라는 세월이 흘러갔다.

국정조사특별위원회는 가습기 살균제를 가장 많이 판매한 옥시를 몇 차례 방문해 한국 지사장으로부터 '모든 책임은 옥시에 있다'는 사과를 받았다. 2016년 9월 국회위원들이 영국에 있는 옥시 본사의 회장을 만나 책임을 인정하는 사과를 받았지만, 공식 문서로 된 사과문은 받아내지 못했다. 2016년 12월 옥시 한국 지사장은 무죄를 선고받았고, 영국 본사는 한국 지사에 모든 책임을 떠넘기고 있다. 한편으로 옥시는 국제 아동보호기구 세이브더칠드런Save the Children과 파트너십을 맺고 전 세계에서 설사로 죽어가는 아이들을 구호하기 위한 캠페인을 벌이고 있다. 기업의 사회적 책임이라는 명분 아래 이런 캠페인을 벌이는 옥시가 다른 한편으로는 아이들의 생명을 빼앗는 제품을 만들어 팔고는 피해자들에게 진정한 사과도 하지 않고 책임을 회피하는 이중적 모습을 보이고 있다.

2017년 2월 가습기 살균제 피해 구제를 위한 특별법이 제정되어, 피해자 보상을 위한 가해 기업의 분담금 1000억 원 중 500억 원 이상이 옥시에게 배정될 예정이다. 하지만 마치 50년 전의 탈리도마이드 사건의 피해 보상 과정에서 나타난 그뤼넨탈의 사례를 답습하는 것 같아 우려스럽다. 가습기 살균제 국정조사특별위원회는 종료되었고 재발 방지를 위한 제도 개선 방안은 기록으로 남았다. 가습기 살균제 사건과 같은 또 다른 국민적 재앙이 일어나지 않으려면 의약품과 화학물질 안전 관리를 위한 제도 개혁이 시급하다.

아편, 고마운 진통제이자 마약

흰색부터 분홍색, 적색, 자주색, 청색에 이르기까지 꽃 색깔이 화려하고 우아한 양귀비꽃. 원래 양귀비꽃은 당나라 현종의 황후이며 최고의 미인이었던 양귀비에 비길 만큼 꽃이 아름답다고 해서 붙여진 이름이다. 2년생 초본인 양귀비 열매에서 추출한 우윳빛 즙을 정제하면 가루 상태의 아편opium을 만들 수 있다. 이 원료로부터 여러 종의 합성 마약이 만들어졌으며, 이러한 마약류는 인간에게 강력한 중독성을 갖는다. 한편 양귀비에서 추출된 마약은 통증 치료, 기침 억제, 설사 경감, 마취제 등 여러 질병을 치료하는 매우 유용한 약으로 사용되어왔다. 아마도 인류가 발견한 수많은 약 중에서 '약과 독'이라는 극단의 양면성을 갖는 것이 양귀비에서 추출한 아편이 아닐까 한다.

기쁨의 식물 아편, 피의 전쟁을 불러오다

아편의 역사는 기원전 3400년에 메소포타미아 평원에서 양귀비를 재배하며 사용했다는 기록에서 시작된다. 수메르인들은 양귀비를 '기쁨을 가져다주는 식물'이라고 했으며, 곧이어 이집트인들에게 양귀비 사용 방법이 전파된다. 고대 그리스와 로마 시대에는 아편이 쾌락의 도구로 쓰였고 의사들은 강력한 통증 치료제 또는 수면을 유도하고 장을 편하게 해주는 약으로 아편을 사용했다.

기원전 139년 중국 한나라의 장건이 실크로드를 개척한 뒤 동서양의 문물이 교류되기 시작했는데, 이때 아편이 중국에 전파되었다. **유럽에서 들어온 양귀비 추출물인 아편은 주로 약으로 쓰였지만, 16세기경 중국에서 아편을 피울 수 있는 파이프가 개발되었다.** 아편을 파이프에 넣고 피운 뒤 연기 형태로 들이마시면 아편이 몸에 빨리 흡수되어 효과적으로 환각 상태에 이를 수 있었다. 아편 소굴을 중심으로 아편 밀매와 흡연이 보편화되었고 서양 상인들은 중국에서 개발된 아편 파이프를 서양으로 거꾸로 수입해 큰 수익을 거두었다.

이러한 동서양의 아편 교역은 아편전쟁으로 이어졌다. 19세기 초 영국은 중국과의 무역에서 생긴 적자를 해소하기 위해 인도의 동인도회사를 거점으로 아편을 재배, 가공하여 중국으로 팔기 시작했다. 영국 상인을 통해 밀수된 아편은 청나라 부유층에서 하층계급까지 퍼져나갔다. 아편 중독자가 급격히 늘어나고 관련 범죄가 발생하는 등 심각한 사회문제가 이어졌다. 이에 청나라 황제는 정부 관리 린저쉬林則徐를 파견해 아편을 몰수한 뒤 모두 폐기 처분했고, 마약 밀매상들을 홍콩으로 추방했다. 그러자 청나라에 아편을 수출해 많은 수입을 벌어들이던 영국은 청나라가 자유무역을 침해한다는 이유로 아편전쟁을 벌였다. 영국의 실제 속셈은 전쟁에 승리해 중국 연안에 항구를 개방하게 하여 더 많은 아편을 중국에 파는 것이었다. 제1차와 제2차 아편전쟁은 청나라 조정의 부패 및 사회적 혼란으로 이미 승패가 결정된 것이나 다름없었다. 청나라 조정은 린저쉬를 전쟁 도발 책임자로 몰아 면직시켰고, 아편 무역의 합법화를 포함한 치욕적인 난징조약을 맺었으며 이후 패망의 길을 걸었다.

헤로인, 진통제에서 마약으로

이처럼 청나라를 몰락시킨 아편에는 인류가 발견한 가장 강력한 진통제 가운데 하나인 모르핀이라는 성분이 들어 있다. 1803년 독일 약사 프리드리히 제르튀르너Friedrich Sertürner가 아편의 주요 성분이 모르핀임을 발견한 이후 모르핀은 순수한 약의 형태로 분리되었다. 단일 성분으로 분리된 모르핀은 양귀비 추출물인 아편과 비교해 10배의 강력한 진통 효과를 갖고 있어 그 당시 '기적의 약'이라고 불렸다. 또한 심한 통증에 치료 효과가 매우 좋아 19세기에 의사들이 가장 많이 처방한 약이었다. 특히 미국 남북전쟁에서 부상자 치료에 널리 쓰였고 이로 인해 전쟁 뒤 후유증으로 미국에 아편 중독자가 많이 생겼다.

1834년 프랑스의 화학자 피에르 로비케Pierrer Robiquet는 아편 속에 존재하는 또 다른 성분인 코데인을 찾아냈다. 코데인은 통증 억제 효과가 모르핀보다 약하지만, 기침을 막는 데 특효가 있었다. 현재까지도 코데인은 전 세계적으로 향정신성의약품 가운데 진통제 및 기침 억제제로 가장 많이 사용되지만 부작용으로 호흡계를 마비시킨다는 점에 대해서는 여전히 논란이 있다.

> **향정신성의약품**
> 마약은 아니지만 사람의 중추신경계에 작용하는 약으로 오용하거나 남용할 경우 큰 부작용이 나타날 수 있다.

2015년 4월 유럽의약품청EMA은 기침과 감기 증상이 있는 12세 미만 어린이, 그리고 천식과 기타 만성 호흡기 질환을 앓는 12~18세 청소년에게 코데인 처방을 금지하는 조치를 내렸다. 미국 FDA도 면밀히 검토한 끝에 2017년 4월, 12세 미만 어린이에게 코데인 처방을 금지하고, 비만, 폐질환, 수면 무호흡증이 있는 12~18세 청소년과 모유 수유를 하는 사람에게 처방할 때는 특히 주의하도록 했다. 국내에서는 기침이나 가래 증상이 나타날 때 코데인과 구조가 비슷한 디히도로 코데인이 들어간 약을 오랫동안 사용했는데, 식약처는 이 약으로 인한 부작용이 거의 없었다는 점을 들어 별 다른 조치를 취하지 않고 있다.

1874년 천연 식물에서 추출한 마약이 아닌 시험관에서 합성한 마약의 시대가 열렸다. **독일 제약 회사 바이엘은 처음으로 정제된 모르핀으로부터 헤로인(디아세틸 모르핀)을 시험관에서 합성해 의료용으로 사용하기 시작했다.** 바이엘은 '약 중의 영웅'이라는 의미로 이 약을 헤로인이라고 명명했다. 대부분의 유럽 병원에서 헤로인을 쓰기 시작했고 바이엘은 곧 수십만 달러를 벌어들였다. 효능 면에서 모르핀보다 3~4배 강한 헤로인은 일반인뿐 아니라 의사들에게도 기적의 약과 같았다.

19세기 중엽 은으로 만든 피부밑주사침hypodermic needle과 유리로 만든 주사기가 개발되어 피부밑 속으로 약을 주사하는 피부밑주사가 사용되었다. 피부밑주사는 헤로인과 모르핀을 주사하는 데 최적의 방법이었으며, 약을 몸속으로 빨리 흡수시켜 헤로인의 대중화에 한몫했다. 당시 의사들은 피부밑주사로는 헤로인이 위장관을 통과하지 않기 때문에 헤로인에 중독될 일은 없으리라고 생각했다. 하지만 그것은 잘못된 판단이었다.

헤로인이 진통제로 널리 쓰인 처음 몇 년간은 부작용이 드러나지 않았다. 시간이 지나자 헤로인을 투여받은 환자들에게서 심각한 신체적·정신적 중독 현상이 나타났다. 환자들은 정신착란, 호흡곤란, 환각, 구토, 금단현상, 망상, 균형 감각 장애 등의 심각한 증상을 보였다. **의사들은 증상이 악화되자 더 많은 헤로인 주사를 놓았고, 그 결과 더욱 심하게 중독되는 환자들이 생겨났다.** 병원에서 헤로인을 투여받다가 중독된 사람들은 통증이 없는데도 계속 헤로인을 찾았다. 약을 끊지 못한 사람들은 중독 증상에 고통스러워하며 심한 경우 죽음에 이르기도 했다.

19세기 말에 강력한 진통제로 각광 받던 합성 마약 헤로인은 우리 몸에서 어떻게 작용하기에 심각한 중독을 초래하는 걸까? 헤로인은 기침, 설사, 수면 장애 등에서 나타나는 심한 통증을 억제하는 데 가장 강력한 약이다. 헤로인은 뇌 신경세포 표면에 있는 특이한 단백 수용체와 결합함으로써 신경세포의 통증 신호를 차단한다. 다시 말해 단백 수용체는 뇌 신경세포 외부의 신호를 세포 안으로 전달하는 기능을 하는데, 헤로인이 통증 신호 전달을 차단함으로써 통증을 사라지게 하는 것이다.

반면에 헤로인을 지속적으로 투여받다가 투여를 중단하면 정신착란, 불안, 무기력, 현기증, 불면증, 기억력 상실, 느린 맥박과 같은 금단현상이 나타난다. 이러한 금단현상은 인간의 판단력과 행동을 조절하는 뇌의 도파민 수용체가 감소되어 나타난다고 알려져 있다.

헤로인 중독자가 술을 마시면 더욱 치명적인 결과를 낳을 수 있다. 폐에서 호흡을 조절하는 내인성 물질로는 글루타메이트, 감마아미노낙산GABA 등이 있다. 내인성 물질이란 몸속에서 자연적으로 만들어져 생리작용을 하는 물질이다. 글루타메이트는 호흡을 증가시키는 역할을 하며, 감마아미노낙산은 호흡을 억제하는 역할을 한다. 정상 상태에서는 두 물질이 균형을 잘 맞추지만 알코올이 들어가면 글루타메이트 효과가 감소되어 호흡 기능이 떨어진다. 또한 헤로인은 감마아미노낙산 효과를 증가시켜, 역시 호흡 기능을 떨어뜨린다. 따라서 술과 헤로인을 동시에 하면 호흡중추가 완전히 억제되어 사망할 수 있다.

뇌 속의 마약, 엔도르핀의 발견

모르핀이 뇌에 미치는 영향을 연구하는 과정에서 내인성 물질인 엔도르핀이 발견되었다. 앞서 이야기했듯이 모르핀은 뇌 신경세포 표면에 단백 수용체와 결합해 신경세포의 통증 신호를 차단한다. 뇌 신경세포에 왜 단백 수용체가 존재하는지 의문을 품었던 학자들은 뇌 속에 모르핀과 같은 작용을 하는 내인성 물질의 존재를 찾기 위해 연구를 시작했다. **드디어 1975년 우리 뇌에 모르핀보다 훨씬 더 강력한 마약이 있음을 알게 되었고 이 물질을 뇌 속에 있는 내인성 모르핀endogenous morphine이라는 뜻의 '엔도르핀endorphine'이라 불렀다.** 엔도르핀은 아편이나 모르핀 같은 마약과 달리 인체 의존성이나 중독이 생기지 않는다.

엔도르핀은 인체가 통증이나 스트레스 등의 자극을 받으면 뇌하수체 및 척수 등의 신경조직에서 분비된다. 엔도르핀이 증가하면 통증이 줄어듦과 동시에 희열과 쾌감이 느껴지며 스트레스도 사라진다. 일상생활에서 엔도르핀 분비가 촉진되는 때는 언제일까? 최소 30분 이상 조깅을 하거나 장시간 등산할 때 쾌감을 느낀 적이 있을 것이다. 이런 현상을 러너스 하이runner's high라고 부르는데 이때 엔도르핀이 분비되어 기분이 매우 좋아지고 통증을 거의 느끼지 못하는 상태가 된다. 또한 번지점프를 한 뒤에도 엔도르핀이 분비되어 큰 쾌감을 느끼며, 임산부가 진통을 겪는 과정에서는 엔도르핀이 최고조로 분비되어 태아와 임산부의 통증을 완화시키는 역할을 한다.

역설적으로 마약은 영어로 '기분 전환 약recreational drug'이라 불린다. 술, 담배, 카페인 등도 여기에 포함되는데 치료를 위해 쓰이는 약이 아니라 기쁨과 여가를 위해 사용되는 물질이라는 의미다. 하지만 기분 전환 약은 모두 탐닉성을 갖고 있어 시작하기는 쉽지만 끊기는 매우 어렵다. **특히 마약은 탐닉성이 강하고 사회적 해악이 너무 커서 모든 국가에서 법적으로 강하게 제제하지만, 원래부터 뇌 속에 마약 수용체를 갖고 태어난 인간은 쾌감의 유혹에 너무 약한 존재다.** 인류의 역사가 계속되는 한 마약이 가진 약과 독의 양면성 논쟁은 지속될 것이다. 말기 암 환자에게 나타나는 강력한 통증에는 현재로서 모르핀만큼 진통 효과가 뛰어난 약은 없다.

아편은 과연 인류 역사의 뒤편으로 사라질 수 있을까? 미국은 20세기 초 헤로인 사용과 유통을 법으로 금지시켰다. 하지만 약 100년이 지난 현재까지도 미국은 제3세계에서 생산, 밀수되는 아편과 헤로인이 자국 내에 유통되는 것을 막으며 '마약과의 전쟁'을 치르고 있다. 고대 이집트인들의 '기쁨의 식물'이었던 아편은 잠시라도 고통에서 벗어나 행복감을 느끼고 싶어 하는 인간의 욕망으로 인해 약에서 독으로, 그리고 전쟁의 원인 제공자가 되었다.

디톡스 제품보다 우리 몸의 방어 엔진

디톡스는 무엇일까? 디톡스detox는 '해독 작용'을 뜻하는 디톡시피케이션detoxification을 줄인 말이다. 디톡스 제품을 만드는 회사들은 식품 첨가제, 소금, 약, 농약, 유전자 변형 식품GMO, 술 등으로 몸속에 쌓인 독을 디톡스 제품의 도움을 받아 밖으로 내보내야 한다고 주장한다. 변비 완화제, 약초, 채소, 효소 제품, 마그네슘 등 디톡스 제품과 더불어 커피, 약초, 소금 등을 이용해 손쉽게 몸속의 독을 배출할 수 있다는 방법까지 다양하다. 인터넷에 떠도는 광고에서는 대장 안에 쌓인 독소가 바로 '숙변'이라 할 뿐 구체적으로 무슨 독소인지를 말하지 않는다. 그런데 대장 안에 독소가 쌓여 병이 걸리는 일은 아주 드물다. 이질, 콜레라 등 유해 세균에 감염될 때 세균이 만들어낸 독소가 소화기계 질환을 일으키며, 이때 디톡스 제품은 전혀 효과가 없고 오히려 치료 시간만 놓칠 뿐이다.

'디톡스'는 과학 용어가 아니다. **과학계에서는 디톡스가 아닌 '해독제**

antidote'라는 말을 쓴다. 약을 과다 복용하거나 벌·뱀·버섯 독에 노출되거나 농약 중독, 화학무기 사용과 같이 독성이 너무 강한 많은 양의 독이 몸 안에 들어오면, 인체 방어 엔진이 감당할 수 없는 상태에 이르러 심하면 사망에 이른다. 해독제는 이런 비상시를 대비해 각각의 화학물질의 독성 원리에 따라 만든 약이다. 이런 해독제는 일반 사람들이 사용하는 것은 아니며 상업적으로 팔리는 디톡스 제품과는 전혀 다르다.

생각보다 튼튼한 우리 몸의 방어 엔진

우리 몸 안에 독소는 어떻게 생길까? 먼저 우리 몸을 구성하는 물질을 '내인성'과 '외인성'으로 나누어 알아보자.

내인성 물질은 조직과 세포를 구성하거나, 에너지원으로 사용되거나, 효소와 호르몬, 신경전달물질같이 생리 기능을 맡는 인체 내 모든 물질을 말한다. 내인성 물질은 몸속에서 항상 일정한 양을 유지하고 있으며 특정 물질이 많아지면 변과 오줌으로 배설된다. 예를 들어 음식으로 몸속에 들어온 아미노산은 근육을 만들거나 효소와 호르몬을 만들어내지만 몸속에 아미노산이 많아지면 간에서 요산으로 변해 신장에서 오줌으로 배설된다. 우리 몸은 매우 뛰어난 재활용recycle 능력이 있다. 몸속 아미노산이 많아지면 그것이 에너지원으로 전환되기도 하고 다른 필수 구성 성분으로 만들어져, 실제 몸 밖으로 배설되는 양은 매우 적다.

몸속에 특정 물질이 너무 많아져 생리 기능이 원활히 이뤄지지 않으면 대사 증후군에 걸릴 수 있다. 대사 증후군에 걸리면 혈당, 중성지방, 콜레스테롤 등이 많아져 당뇨, 비만, 고혈압, 동맥경화와 같은 성인병으로 이어지기 쉽다. 디톡스 제품을 만드는 회사들은 이렇게 쌓인 물질을 노폐물, 즉 독소라 부르며 디톡스 제품으로 이를 제거할 수 있다고 주장한다. 그러나 디톡스 제품은 대사 증후군을 예방하거나 치료할 수 없다. **대사 증후군은 우리 몸 안에 있는 어떤 물질의 불균형으로 생긴 질환이기 때문에 원인을 정확히 진단해 치료해야 한다. 디톡스 제품이 무턱대고 몸 안에 들어오면 오히려 부작용만 생길 수 있다.**

외인성 물질은 약, 건강기능식품, 화장품이나 호흡과 피부 접촉 등을 통해서 외부에서 몸속으로 들어오는 다양한 화학물질을 말한다. 음식을 통해서 섭취되는 영양소인 탄수화물, 단백, 지방, 비타민 등은 에너지원으로 쓰이거나 생리 활성에 관여하기 때문에 외인성 물질이 아니다. 그밖에 야채나 과일에 들어 있어도 영양소가 아니거나 인체에 없는 성분은 외인성 물질이다. 중금속, 미세먼지, 식품 첨가제, 농약, 방사선 등이 대표적인 외인성 물질이다. 과학의 발달과 함께 화학물질 사용이 증가하자 전 세계적으로 식품과 의약품, 먹는 물 등을 통한 화학물질 노출 사고가 일어났다. 일본 광산에서 유출된 중금속 카드뮴이 하천과 농작물을 오염시켜 일어났던 이타이이타이병이 그것이다.

과학자들은 외인성 화학물질이 몸에 들어와 어떻게 독이 되는지 집중적으로 연구했다. 몸 안에 들어온 화학물질은 주로 간에 존재하는 효소에 의해 반응성이 강한 중간체로 바뀌어, 몸 안의 주요 성분인 효소, 세포막, 유전자 등과 결합함으로써 세포와 조직을 손상시킨다. 어떤 화학물질은 효소에 의해 활성산소를 많이 만들어 역시 세포와 조직을 손상시킨다.

몸 안에 들어온 외인성 독성 물질이 반드시 우리 몸에서 독으로 작용하는 것은 아니다. 인체는 반응성이 강한 중간체를 물에 잘 녹는 성질로 바꿔 몸 밖으로 내보낼 수 있으며 독으로 작용하는 활성산소를 없애는 탁월한 능력이 있다. **이것이 바로 해독 작용이며 외인성 물질을 몸 밖으로 빠져나가게 하는 우리 몸의 방어 엔진이라 하겠다.**

약을 먹거나 환경 기준치를 초과하는 오염 물질이 몸 안에 들어와도 이러한 인체 방어 엔진 덕분에 큰 문제가 일어나지 않는다. 그러나 소량의 외인성 독성 물질에 장기적으로 노출되면 천식, 암과 같은 병에 걸릴 수도 있다. 디톡스 제품으로 외인성 독성 물질에 의해 쌓인 독소를 제거할 수 있다는 주장은 과학적 근거도 없으며 그 주장을 입증한 사례도 없다. 정부가 약의 안전성을 확보하고 오염 물질을 철저히 규제함으로써 외인성 독성 물질을 관리하는 것이 더 중요하다.

디톡스가 우리 몸에 부담이 된다면?

잘 알려진 디톡스 제품으로는 킬레이트제와 천연 추출물이 있다. 킬레이트제는 수은과 납 등의 중금속에 다량 노출된 환자에게 쓰이는 해독제로 정상인이라면 먹을 이유가 없으며 효과도 없다. 천연 추출물은 외인성 물질이 만든 활성산소를 없애기 위한 항산화제로 사용되지만 시험관 시험에서나 효과를 보일 뿐 임상적으로는 거의 효과가 없다.

우리 몸은 강한 회복 능력을 갖고 있기 때문에 극한 독에 노출되는 경우 해독제를 써야 하지만, 정상인에게 디톡스 제품은 필요하지 않다. **오히려 디톡스 제품을 먹으면 인체에 불필요한 부담이 많아진다.** 디톡스 제품 자체가 인체가 제거해야 하는 외인성 물질이 되기 때문이다. 특히 간 질환을 앓는 사람에게는 해로울 수 있다.

대장을 깨끗이 비워내는 디톡스 제품도 있다. 대장 세척colon cleansing 요법은 고대 이집트 시대부터 있었다. 의사들은 소화되지 않은 변의 노폐물이 몸 안에 쌓이면 열이 나고 고름을 생기게 하는 독소가 되어 병이 생긴다는 자가 중독autointoxication 이론을 믿었다. 20세기 들어와 세균학자 일리야 메치니코프Ilya Mechnikov는 대장을 '쓰레기 처리장'으로 비유했다. 그는 대장에는 부패 세균이 기생해 영양소 단백질을 발효시켜 아민이라는 독소를 만든다는 프토마인 중독ptomaine poisoning 이론을 제시했다. 더 나아가 대장 속에 독소가 많아지면 생명을 단축시키기 때문에 부패 세균을 유산균 박테리아로 교체시키면 독소가 적게 만들어져서 자가 중독의 해악을 없앨 수 있다고 주장했다.

메치니코프가 주장한 유산균 박테리아와 같이 건강 유지에 도움을 주는 대장 내의 유익한 세균을 프로바이오틱스probiotics라고 부른다. 20세기 말까지 프로바이오틱스가 질병을 예방해주는지에 관해 많은 연구가 이루어졌지만 어린이 만성 설사 외에 과학적으로 밝혀진 연구 사례는 많지 않다. 유럽의약품청은 몇몇 프로바이오틱스 제품이 강조한 효과를 인정하지 않았고, 미국 FDA도 임상 효과가 확인되지 않은 프로바이오틱스 제품에 대한 과장 광고를 금지하고 있다.

세균총이란?
인간은 태어나기 전에는 무균 상태에 있지만 태어난 직후 몸속에 수많은 미생물이 피부, 구강, 대장에 살게 된다. 각종 미생물은 우리 몸에서 각각 일정한 균형을 유지한다. 이와 같은 미생물 집단을 세균총이라 한다.

최근 대장 속에 있는 수많은 박테리아 세균총細菌叢의 균형이 인간의 건강 유지에 중요한 역할을 한다는 연구 결과가 잇달아 발표되었다. 항생제 사용, 질병, 스트레스, 노화, 식생활 등 환경 변화에 따라 대장 내 박테리아 세균총의 균형이 깨지면 암, 비만, 염증 같은 만성질환이 생길 수 있다. 이런 이유로 건강 유지를 위해 대장의 박테리아 세균총이 수행하는 역할을 임상적으로 활용하는 방안에 대한 연구가 이루어지고 있다.

대장 운동을 촉진시켜 살을 뺀다는 디톡스 다이어트는 효과적일까? **다이어트 제품을 먹을 때는 지방이나 당이 들어간 음식을 덜 먹기 때문에 소화 부담이 줄어 장이 시원해지는 느낌은 있겠지만 이것이 체중 감소로 이어지는 것은 아니다.** 음식물의 에너지원인 탄수화물, 단백질, 지방은 대장에 도달하기 전에 이미 대부분 흡수되기 때문에, 대장 운동이 활발해지는 것과 체중 감소는 관계가 없다. 미국 FDA가 발표한 2014년 자료에 따르면 인기 있는 디톡스 다이어트 제품은 심혈관 부작용으로 사용이 금지된, 살 빼는 약인 시부트라민 등을 다량 함유하고 있었다.

우리 몸의 간, 신장, 폐는 노폐물을 배설하는 매우 정교한 해독 시스템으로 무장하고 있다. 그렇기 때문에 천연 및 합성 외인성 화학물질에 소량이지만 지속적으로 노출되어도 노폐물을 효과적으로 배설할 수 있다. 예를 들어 고추나 마늘처럼 자극적인 천연 유래 물질에 대해서도 잘 적응할 수 있도록 우리 몸은 진화해왔다. 디톡스 제조 회사는 간, 신장, 폐가 필터와 같은 역할을 하기 때문에 이들 장기를 주기적으로 깨끗이 해줘야 한다고 주장한다. **그러나 인체의 해독 시스템은 공기청정기의 에어필터를 교체하는 것과 같은 방식으로 작동하지 않는다.** 폐의 정화 능력은 매우 뛰어나 몸속에 외인성 물질이 쌓이지 않게 하며 폐질환이 있는 경우가 아니라면 큰 문제없이 외인성 물질을 정화시킨다.

디톡스 제조 회사는 피로, 권태감, 두통, 불면증과 더불어 노화, 심혈관, 암 질환 영역까지 독소가 미치는 범위를 확대시켜 이들 질환이 몸속의 독소와 관련되어 있다고 주장한다. 하지만 그들이 말하는 독소의 실체가 어떤 증상이나 질환과 관련되는지는 구체적으로 설명하지 못한다. 따라서 디톡스 제품이 인체 모든 장기에 의학적으로 유용한 효과를 가져다준다는 주장을 뒷받침하는 과학적 근거는 없는 셈이다.

항산화제 역설을 조심하라

디톡스가 오히려 몸에 해롭지는 않을까? 단순한 식이요법은 그리 해롭지 않다. 예를 들어 케일이나 퀴노아를 먹는 것은 영양소를 보충하는 방법이기도 하다. 그러나 **활성 성분이 포함된 디톡스 제품은 해로울 수도**

있다. 커피로 관장을 하는 것은 병원균 감염에 의한 패혈증을 일으키고 직장에 구멍을 만들며 전해질 이상을 가져온다는 연구 결과가 있으며 사망 사례도 있다. 비타민 주사는 의학적으로 그다지 유용하지 않지만 멸균이 잘된 상태에서 행해진다면 큰 위험은 없다. 간 기능을 높여준다는 디톡스 제품인 밀크 시슬milk thistle은 실제로 어떻게 간에서 해독 작용을 하는지 증명되지 않았다. 또한 간염 바이러스 B와 C 보균자 및 간 질환 환자를 대상으로 한 임상 시험에서 효과를 나타내지 못했다. 마그네슘, 센나, 대황rhubarb이 들어간 변비약은 심한 변비 치료에 단기간 사용할 수 있지만, 변비가 없는 사람이 오래 먹으면 대장에 의존성이 생겨 먹기를 중단하면 다시 변비가 생길 수 있다. 또한 탈수와 전해질 이상도 생길 수 있다.

디톡스 제품을 먹다가 먹기를 중단하면 한동안 메스꺼움, 설사, 어지럼증이 생긴다. 대장에 존재하는 미생물 세균총이 디톡스 제품이 들어오면 그 균형이 깨져버려 원래 상태로 되돌아오는 데 시간이 필요하기 때문이다. 마치 입원 환자가 오랫동안 링거 정맥주사를 맞다가 음식물을 섭취하면 소화시키는 데 한동안 어려움을 겪는 것과 같다. 특히 어린이가 디톡스 제품을 먹는 경우 몸속 전해질 균형이 파괴되고 탈수 현상이 일어날 수 있다.

피부에 바르는 디톡스 화장품도 있다. 화장품 제조 회사는 디톡스 화장품으로 피부에 쌓인 독소, 즉 노폐물을 없애야 피부 노화를 막을 수 있다고 주장한다. 여러 층으로 구성된 피부의 상피세포는 박테리아와 외인성 물질이 피부를 통해 몸속으로 침투하는 것을 막는 장벽 역할을 한다. 또한 인체의 60%를 구성하는 물이 증발하는 것을 막는 역할도 한다. 미세먼지 속에 포함된 중금속 등 각종 유해물질이 피부 노화를 일으킨다는 주장이 있지만 PM2.5(지름이 2.5마이크로미터 이하의 입자) 크기의 초미세먼지는 피부에 침투할 수 없다. 다만 입자 크기가 나노 사이즈(100나노미터 이하, 1마이크로미터의 1000분의 1)인 화장품 성분은 피부를 투과해서 몸 안으로 침투하는 외인성 물질로 작용할 수 있기 때문에 유럽에서는 화장품의 나노 원료 표시를 의무화하고 있다. 미세먼지와 그 속에 포함된 유해 성분이 피부에 침투하지는 못해도 피부에 달라붙을 수는 있기 때문에 미세먼지가 많은 날 외출하고 돌아온 뒤에는 꼼꼼하게 세안하는 것이 중요하다.

의약품은 국가에서 효능 및 안전성을 검증해 시판을 허가하지만 화장품은 허가 제도가 아닌 신고 및 자율 등록제로 관리된다. 따라서 화장품 원료는 사용이 금지된 원료가 아니라면 어떤 원료든 사용할 수 있다. 미백, 주름 개선, 자외선 차단 원료가 포함된 기능성 화장품은 국내 식약처에서 안전성과 유효성 자료를 심사한다. 많은 화장품 회사가 약초, 해조류, 지방 특산품 등을 원료로 사용해 기능성 화장품을 개발하며, 화장품 포장에 디톡스라는 문구를 넣어 항산화 효과가 있다고 강조한다. 외인성 물질에 의해 생성되는 독소인 활성산소를 항산화제로 제거한다는 것을 밝히기 위함이다.

인체에서 만들어지는 물질 가운데 항산화 효과로 해독 작용에 관여하는 글루타티온은 '백옥 주사'로도 잘 알려져 있다. 글루타티온은 피부를 투과하지 못하기 때문에 정맥주사로 몸속에 주입하는데, 이 주사를 맞으면 피부 미백 효과가 있다는 것이다. 그러나 이러한 글루타티온의 효과를 뒷받침해주는 과학적 근거는 매우 미약하다. 마찬가지로 글루타티온을 정맥주사로 몸속에 주입해도 안전하다는 연구 결과도 거의 없다. 최근 부작용 사례로 필리핀 식품의약품안전청이 글루타티온을 몸속에 다량 주입하면 신장 장애와 심한 복통이 일어난다는 연구 결과를 내놓았다. 내인성 물질인 글루타티온은 해독 작용으로 고갈되더라도 몸속에서 다시 만들어지므로 글루타티온을 외부에서 공급할 이유가 없다.

지난 40여 년간 시험관 내 실험 및 동물실험에서 항산화 비타민과 천연 항산화제 성분이 활성산소가 만들어지는 것을 감소시켜 세포와 조직 손상을 막아준다는 결과가 많이 나왔다. 그렇지만 사람을 대상으로 연구한 결과, 많은 양의 항산화제를 투여해도 예방이나 치료 효과는 거의 없었다. 이러한 차이점은 다음과 같이 설명된다. 첫째로 활성산소가 생성되는 것과 인간 질병과의 상관성이 명확하지 않다는 점이다. 둘째로 항산화제는 권장 섭취량을 먹었을 때는 효능이 있지만 지나치게 많이 먹으면 오히려 부작용이 생긴다는 U형U-shape 현상 이론이 그것이다. 마지막으로 우리 몸의 항산화 방어 시스템은 매우 잘 갖춰져 있어서 많은 양의 항산화 비타민이나 항산화제를 먹어도 몸속의 총항산화 능력은 영향을 받지 않는다는 점이다. 이것을 항산화제 역설antioxidant paradox이라고 한다.

2006년 BBC는 "디톡스를 표방하며 판매 전략을 세우는 회사의 주장은 잘못된 것이다. 디톡스에 어떤 제품이 효과가 있다는 주장은 인체의 영양소 활용이나 해독 작용의 원리에 맞지 않아 과학적 근거가 없다"고 보도했다. **디톡스는 과학이기보다는 자연요법이라고 할 수 있으며 국가마다 자연요법을 받아들이는 입장도 다양하다.** 안전성에 특별히 문제가 없는 한 임상 시험에서 효과가 없었다는 점을 들어 정부가 규제하기도 어렵다. 정신적 믿음이 있으면 위약 효과가 나타나는 것처럼, 믿음을 택할지 과학을 택할지 최종 결정은 소비자의 몫이다.

3

인류를 살린 위대한 약의 탄생

VACCINATION

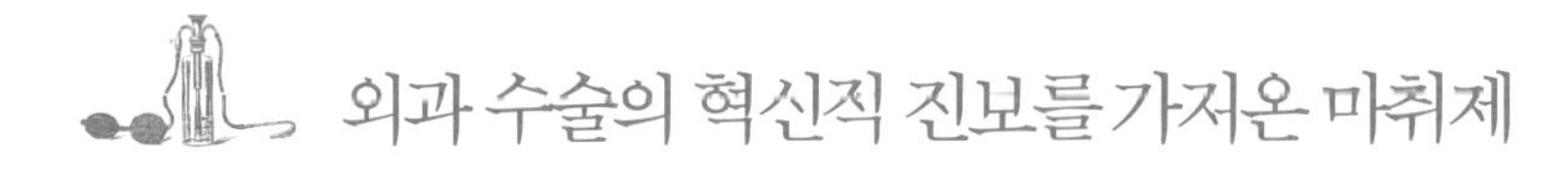

외과 수술의 혁신적 진보를 가져온 마취제

마취제 없이 수술을 받는다고 상상해보자. 제정신으로는 단 1초도 견뎌낼 수 없을 정도의 고통과 두려움이 느껴질 것이다. 1811년 소설가이며 극작가인 프란시스 버니Frances Burney는 나폴레옹이 가장 신뢰하던 군의관 도미니크 장 라레Dominique-Jean Larrey에게서 유방 종양 제거 수술을 받았다. 9달 뒤 그녀는 언니에게 보낸 편지에 수술받는 동안 겪었던 끔찍한 고통과 엄청난 두려움을 토해냈다.

> 끔찍하게 생긴 쇠가 내 유방을 파고들어 정맥, 동맥, 살점, 신경을 잘라냈어. 울음을 억누르던 정신력이나 의지 따위는 소용없었지. 수술 도구가 유방을 파헤치는 동안 나는 비명을 계속 질렀어. 수술 부위에 수술 도구가 닿지 않을 때도 통증은 줄어들지 않았어. 마치 작고 날카로운 칼로 살을 찢어내는 듯 아팠어. 그러나 수술이 끝난 게 아니었어. 의사는 둥근 수술 도구로 무엇인가를 잘라냈어. 이전의 아픔은 아무것도 아니었지. 나는 이

미 죽은 몸인데 잔인한 수술이 왜 더 필요하냐고 생각했을 정도였어.

당시에는 마취제 없이 수술하다가 엄청난 고통을 견디지 못해 쇼크사하는 사람도 많았다. 버니도 처음에는 수술을 거부했다. 하지만 남편의 간곡한 설득에 마음이 흔들려 수술을 받기로 하고는 수술 전에 유언장을 남기고 남편과 아들에게 작별 인사를 했다. **유일한 마취제였던 와인을 마시고 3시간 45분 동안 수술을 받았던 그녀는 수술 도중 두 번이나 의식을 잃었다.** 수술은 성공적으로 끝났고 버니는 수술 뒤 29년의 삶을 더 누리기는 했다. 그런데 그녀의 종양이 수술을 받을 정도로 악성이었는지는 정확히 알 수 없다.

수술을 하느니 죽는 게 낫다

역사 속 의사들은 질병이나 부상을 치료할 때 고통을 줄이기 위해 여러 수단을 사용해왔다. 64년에 로마제국 황제 네로의 의사 디오스코리데스는 상처를 가르거나 지질 때 마법의 식물이라 불리던 사람 모양의 약초 맨드레이크mandrake를 포도주에 넣고 끓여서 먹이면 그 부위의 감각이 마비된다고 했다. 디오스코리데스는 오늘날 감각이 없어진다는 뜻의 마취anaesthesia라는 용어를 처음 썼다. 17세기까지 맨드레이크는 환자의 통증을 줄이는 데 많이 쓰였다.

1025년에 이슬람 의학자인 이븐 시나Ibn Sina는 《의학의 정본The Canon of Medicine》에서 흡입 마취제 사용법을 소개했다. 아편, 독미나

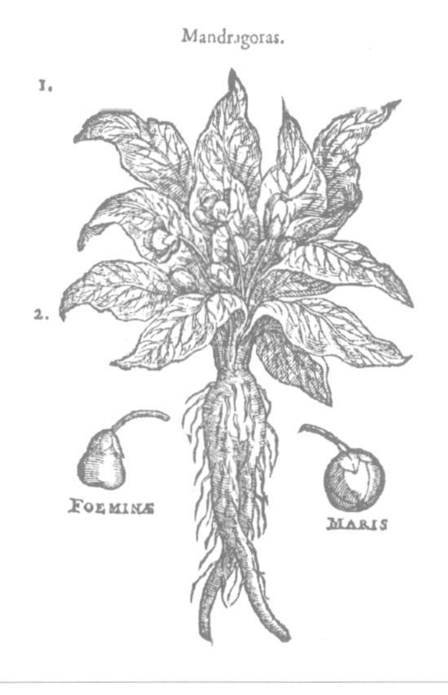

마취제로 쓰였던 약초 맨드레이크

통증을 줄이고, 상처 부위의 감각을 마비시킨다고 알려진 맨드레이크는 고대부터 17세기까지 통증 치료와 마취제로 널리 쓰였다. 맨드레이크 외에도 와인, 아편, 독미나리, 사리풀 등이 마취제로 쓰였지만, 살을 가르고 수술을 할 때의 고통을 느끼지 못하게 할 정도는 아니었다. 19세기 중반 마취제가 개발되기 전에는 수술을 하기보다 죽음을 택하는 사람도 많았다.

리, 맨드레이크, 사리풀 등의 약초 가루를 물에 풀어서 최면 스펀지soporific sponge에 적신 뒤, 수술받는 환자의 코에 대고 흡입하게 하여 마취시키는 식이었다.

1780년부터 유럽에서는 아편 소비가 급격히 늘었다. 몸이 아프거나 출산할 때 아편이 고통을 덜어주었기 때문이다. 하지만 아편은 환자가 수술받을 때 느끼는 고통을 줄이는 데는 별로 도움이 되지 않았다. 당시 마취제로 사용했던 술과 아편은 많이 쓰면 장기 기능이 마비되어 수술이 더 위험해지기도 했다. 이런 이유로 술과 아편을 마취제로 맘 놓고 사용할 수 없었던 외과 의사들은 몸 일부를 절단하지 않고 상처 부위를 부분적으로 도려내는 수술법을 선호했다. 빠른 시간 안에 수술을 마쳐 환자가 느끼는 고통을 적게 할수록 명의가 될 수 있었다. **시간이 오래 걸리는 복잡하고 어려운 수술을 해야 할 경우, 수술에 따르는 고통 때문에 수술을 하기보다 죽음을 택하는 사람도 많았다.**

외과 수술에 쓰인 최초의 마취제, 에테르

마취제는 백신, 소독제와 상하수도 위생 처리 시스템과 함께 근대 의술 혁명을 이룬 3대 주춧돌로 꼽힌다. 19세기 중반에 아산화질소nitrous oxide, 에테르ether, 클로로포름chloroform이 마취제로 등장한다. 영국 발명가 험프리 대비Humphry Davy는 아산화질소를 마시면 참을 수 없을 정도로 웃음이 나온다는 것을 알아내고는 아산화질소에 웃음가스laughing gas라는 별명을 붙였다. 당시 유랑 극단에는 관객들이 25센트씩 내고 풍선에 담긴 '웃음가스'를 마신 다음 흐느적거리거나 이상한 소리를 내며 자신을 웃음거리로 만드는 쇼가 있었다. 아산화질소를 마시면 이를 뽑을 때 아프지 않다는 사실을 발견한 대비는 수술 마취제로 아산화질소를 쓸 수 있다고 말했지만, 아무도 그의 말을 믿지 않았다.

1844년 미국 치과 의사 호러스 웰스Horace Wells는 유랑 극단 쇼에서 신기한 광경을 보았다. **아산화질소를 마신 관객이 의자에 부딪혀 피가 나는**

데도 통증을 느끼지 못하는 것이었다. 웰스는 스스로를 실험 대상으로 삼아 아산화질소의 마취 효과를 확인했고, 곧 자신의 환자를 대상으로 아산화질소를 마취제로 사용한 수술을 시도했다. 하지만 이를 뽑을 때 환자가 마취에 깨어나 비명을 지르는 바람에 수술은 실패로 끝났다. 그 환자는 나중에서야 웰스에게 자신이 통증을 거의 느끼지 못했다고 털어놓았다.

20여 년 뒤에 미국 치과 의사 가드너 콜턴Gardner Colton이 환자를 아산화질소로 마취해 치료하는 데 성공한 뒤 아산화질소는 유럽의 치과와 산부인과에서 널리 쓰였다. 특히 콜턴은 병원에서 사용할 수 있는 아산화질소 가스 주입 장치를 고안해 아산화질소가 마취제로 널리 쓰일 수 있게 했다. 콜턴이 만든 가스 주입 장치는 병원에서 간편하고 효율적으로 마취할 수 있도록 다양한 형태로 개발되어 20세기 중반까지 쓰였다. 그 후 새로운 마취제인 에테르(1846년)와 클로로포름(1847년)이 차례로 개발되었다.

에테르는 1275년 스페인 수도승인 레이문두스 룰리우스Raymundus Lullius가 처음으로 발견했고, 1540년에 독일 과학자 발레리우스 코르두스Valerius Cordus가 합성하여 만들었는데 그 당시에는 에테르에 마취 효과가 있는지 몰랐다. 1800년대 미국 대학생들 사이에서는 에테르를 맡고 환각에 빠져서 노는 에테르 파티가 유행했다. 외과 의사 크로퍼드 롱Crawford Long은 '에테르 파티'에 참석했다가, 에테르를 마신 사람들은 부딪치거나 다쳐도 통증을 느끼지 못한다는 것을 알게 되었다. 마침 파티에서 한 학생을 만났는데, 그는 목에 종양이 두 개가 있었지만 수술이 무서워서 계속 미루고 있었다. 1842년에 롱은 그를 에테르로 마취한 다음 통증 없이 종양을 제거하는 데 성공했다. 하지만 그는 자신의 마취 성공 사례를 학회에 바로 발표하지 않아 마취제를 사용한 최초의 수술로 인정받지 못했다.

하버드 의대 교수 찰스 잭슨Charles Jackson은 에테르 증기에 환자가 마취된다는 것을 우연히 발견했다. 잭슨은 자신의 학생인 윌리엄 모턴William Morton에게 에테르를 수술용 마취제로 사용해보라고 권했다. 모턴은 에테르로 마취해 수술에 성공한다면 특허를 얻어 엄청난 돈을

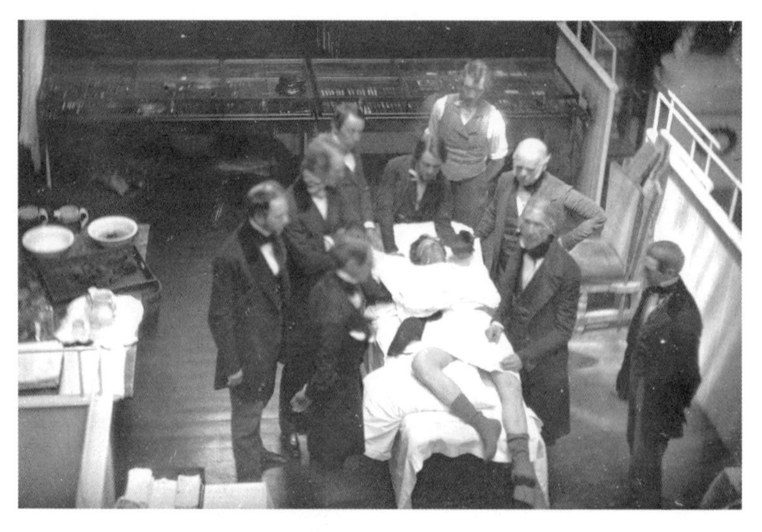

19세기에 공개적으로 이루어진 전신마취 수술

1847년 미국 매사추세츠 종합병원에서 환자를 에테르로 전신마취시킨 후 수술하는 과정을 찍은 사진이다.(1846년 모턴이 시행한 최초의 전신마취 수술도 같은 장소에서 이뤄졌지만, 사진사가 구역질을 참지 못해 사진을 찍지 못했다.) 수술 가운을 입은 사람도, 위생 장갑을 낀 사람도 없어 누가 의사인지 구별하기 어렵다. 당시에는 수술을 할 때 소독을 하고 환경을 깨끗이 해야 한다는 위생 개념이 없었다.

벌 수 있다고 생각했다. 하지만 이미 수세기 전에 발견된 에테르로는 특허를 얻을 수 없었다. 고민 끝에 모턴은 에테르에 에테르 냄새를 없애는 첨가제를 넣어 레테온letheon이라는 이름을 붙였다. 1846년 매사추세츠 종합병원에서 모턴은 자신이 고안한, 코에 레테온을 주입하는 장치로 환자를 마취시켰고 외과 의사 존 워런John Warren이 환자의 목에서 고통 없이 종양을 없애는 데 성공했다. **이 수술은 공개적으로 행해진 최초의 전신마취 외과 수술이었다.** 모턴은 레테온의 화학 성분을 비밀에 부치려 했으나, 레테온의 진짜 성분이 에테르임이 알려지고 말았다. 이렇게 미국에서 에테르를 사용해 수술에 성공했다는 소식이 전 세계로 퍼지면서 에테르가 수술용 마취제로 널리 쓰이기 시작했다.

마취제 클로로포름 또한 중요한 발견이었다. 산부인과 의사들은 산모가 분만할 때의 고통을 줄이기 위해 에테르를 사용했는데 에테르의 특이한 냄새 때문에 산모들이 토하기 일쑤였다. 1847년에 영국 산부인과 의사 제임스 심슨James Simpson은 클로로포름이 냄새가 약하며 무통분만에 더 효과적임을 알게 되었다. 영국인 의사 존 스노우John Snow는 빅토리아 여왕이 세 자녀를 낳을 때 모두 클로로포름을 썼는데, 결과는 성공적이었다. 그러나 클로로포름은 치명적인 심부정맥을 일으켜 마취제 중에서도 사망률이 높아 1930년 미국을 시작으로 전 세계에서 마취제로는 완전히 퇴출되었다.

마취제의 발견은 인류의 삶에 큰 변화를 가져왔다. 사람들은 작은 수술에도 꼭 마취를 해야 한다고 생각했고, 외과 수술은 더욱 보편화되었다. 과거에 의사들은 환자가 고통을 느끼는 시간을 줄여야 한다는 부담감 때문에 수술을 마치는 속도에 집중할 수밖에 없었다. 하지만 마취제와 더불어 마취 기술이 발전하면서 의사들은 시간이 걸리는 정교한 수술 기법을 시도할 수 있었고 이는 매우 높은 수술 성공률로 이어졌다. 이제 마취제 없는 세상은 상상할 수도 없다.

마취제, 인간의 불안을 조종하다

마취제가 의학 발전에 놀랄 만한 공헌을 한 것은 사실이지만 더 나아가 몇 가지 문제점도 극복해야만 했다. 코를 통해 가스로 흡입하는 에테르는 마취에 걸리는 시간과 마취에서 깨어나 회복되는 시간이 너무 오래 걸렸다. 이 문제를 해결하기 위해 혈관 정맥으로 주사할 수 있는 티오펜탈thiopental이 개발되었다. 티오펜탈 주사를 맞으면 45초 이내로 빠르게 마취되었다. 그러나 티오펜탈은 마취가 지속되는 시간이 길지 않아 주로 단시간 수술이나 에테르로 전신마취를 하기 전에 사전 마취제로 쓰였다. **한편 티오펜탈은 미국 경찰 및 중앙정보국(CIA, 이하 CIA)에서 자백 약truth serums으로도 쓰였다.** 범죄 혐의자에게 약을 주사해 정신이 몽롱한 상태에서 자신들이 알고 싶은 비밀과 정보를 얻어내기 위해서였다. 그러나 1963년 미국 대법원은 자백 약으로 얻어낸 정보는 법정 증거로 효력이 없다는 판결을 내렸고 이후 티오펜탈은 자백 약으로서 설 자리를 잃었다.

1942년에 근육 이완제인 큐라레curare가 최초로 전신마취제와 함께 사용되었다. 에테르로 전신마취를 하면 의식과 감각은 마비되지만 근육은 마비되지 않는다. 특히 몸속 깊숙이 손을 넣어 수술할 경우 몸을 버티기 위해 힘을 유지하는 근육 때문에 제대로 수술할 수 없었다. 이런 문제로 근육을 이완시키기 위해서는 환자에게 에테르를 많이 써야만 했다. 하지만 근육 이완제가 등장하면서 에테르를 적정한 양으로 쓸 수 있게 되어 과도한 전신마취로 인해 수술 도중 환자가 죽는 비율이 급속히 낮아졌다.

1956년에 개발된 새로운 흡입 마취제 할로탄halothane은 빠른 속도로 에테르를 대체했다. 할로탄의 가장 큰 장점은 마취와 회복 시간이 짧으며 에테르와는 달리 인화성 물질이 아니어서 화재 위험이 없다는 것이었다. 그러나 간에 독성이 있고 심장 근육을 억제하는 등 부작용이 나타나 1980년 이래로 이소플로렌isoflurane 같은 새로운 흡입 마취제가 개발되었다.

이처럼 20세기에는 수술 부위와 수술 시간 등에 따라 에테르, 할로탄, 이소플로렌과 같은 흡입 마취제와 티오펜탈과 같은 정맥주사 마취제가 사용되었다. 또한 수술 과정에서 근육 경직을 막기 위해 근육 이완제를 동시에 사용하는 것이 일반화되었다.

티오펜탈은 1983년에 개발된 프로포폴propofol에게 왕좌의 자리를 넘겨준다. 불안감을 없애고 편안하게 잠들도록 해주는 프로포폴 정맥주사를 맞으면 거의 1분 안에 마취된다. 프로포폴 투약을 멈추면 2분 이내에 의식이 돌아오고 어지러움과 현기증 같은 부작용이 나타나는 경우는 드물다. 건강검진을 받을 때 사람들이 흔히 하는 수면 내시경과 성형수술 등에 가장 많이 사용되는 마취제라 하겠다.

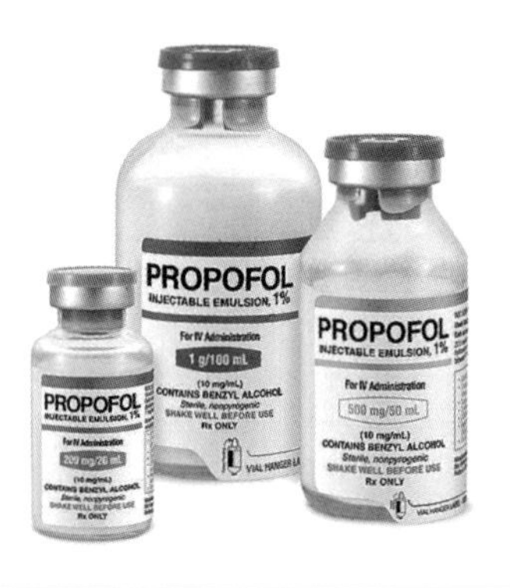

'기억상실증 우유' 프로포폴

프로포폴을 맞으면 피로감과 불안감이 사라지고 기분이 좋아지며 심지어 환각까지 일으킨다. 마취제로 사용되던 프로포폴이 환각제로 남용되자 식약처는 프로포폴을 마약류로 분류해 사용을 규제하고 있다.

그런데 프로포폴은 2009년 6월 팝의 제왕 마이클 잭슨의 죽음으로 전 세계 사람들의 입에 오르내리게 되었다. 잭슨이 먹던 수면제가 별 효과가 없자 주치의는 불면증 해소를 위해 프로포폴을 6주 동안 매일 주사했고, 결국 잭슨은 급성 심장마비로 사망했다. 주치의는 미필적 고의에 의한 살인죄, 즉 프로포폴을 사용해도 안전한지 여부를 확인하지 않았다는 죄목으로 4년 형을 선고받았다.

프로포폴 주사를 맞으면 호흡이 힘들어지고 혈압이 급격히 떨어지기 때문에 주의해서 사용해야 하며, 비상시를 대비해 호흡보조기를 옆에 두어야 한다. 별명이 '기억상실증 우유milk of amnesia'인 프로포폴은 우리나라에서도 유명하다. 피로감과 불안감이 사라지고 편안하게 잠들 수 있을 뿐 아니라 기분이 좋아지고 심지어 환각까지 일으키는 프로포폴에 중독된 사람 가운데 유명인들이 많은 탓이다. 이제 '우유 주사'라고 하면 모르는 이가 없을 정도다. 마취제로 사용되던 프로포폴이 환각제로 남용된 뒤로 식약처는 2011년 프로포폴을 향정신성의약품(마약류)으로 분류해 사용을 규제하기 시작했다.

한편 19세기에 등장했던 마취제 아산화질소는 21세기에 환각제로 다시 태어난다. 2015년 영국 BBC는 지난해 영국의 젊은이 47만 명이 은색 금속 용기에 담긴 아산화질소인 웃음가스를 환각제로 사용했다고 보도했다. 특히 16~24세의 젊은이 가운데 7.6%가 클럽 파티나 야외 콘서트에서 웃음가스를 마시는 등 다른 마약류보다 사용 빈도가 높아 더욱 문제가 되었다. 2006~12년에 웃음가스를 마신 젊은이 17명이 사망하자 영국 정부는 2016년부터 허가된 용도 이외의 아산화질소 사용을 엄격하게 제한하고 있다. 최근 국내에서도 아산화질소를 풍선에 넣어 들이마시는 '해피벌룬'이 클럽과 대학가에서 유행했지만 한동안 아무런 규제도 없었다.

아산화질소 사용 금지 지지자들은 아산화질소를 들이마시면 혈액에 산소가 잘 공급되지 않아 질식할 위험성이 높다고 주장한다. 사용 금지에 반대하는 사람들은 아산화질소가 다른 마약류에 비해 상대적으로 안전한 편이기 때문에 사용 금지는 너무 지나친 규제라고 주장한다. 하지만 아산화질소를 흡입하면 중추신경을 억제하고, 산소 치환에 의한 호흡마비로 심하면 사망할 수도 있다. 또한 오랜 기간 노출되면, 백혈구 감소증이나 혈소판 감소증이 나타난다. 인체에 안전한지를 따지기에 앞서 환각제에 중독되면 뇌가 약이 주는 반응에만 익

숙해지고 일상생활에서 느끼는 희로애락의 감정에는 무감각해져서 정신 건강을 크게 해칠 수 있다.

우리 뇌는 마취에 얼마나 강할까?

우리는 병원에 가면 마취를 할지 말지 결정해야 하는 상황에 자주 맞닥뜨린다. 수면 내시경을 위한 전신마취나 치아 치료를 위한 국소마취는 과연 안전할까? 2010년 학술지 〈마취학Anesthesiology〉에 따르면 1940년대에는 1000명 가운데 1명이 수술 중 마취제로 인해 사망했다. 하지만 마취 기술의 발달로 현재 10만 명 가운데 1명이 사망할 정도로 위험도가 낮아졌다. 다만 60세 이상이거나 간, 심장, 콩팥 등에 문제가 있으면 전신마취의 위험성이 조금 높아지지만 심각한 정도는 아니다. **또한 전신마취가 뇌에 영향을 미치는지에 관해서는 현재까지도 논란이 있다.** 전신마취에서 깨어난 뒤에는 현기증, 두통, 혼란, 졸림 등의 부작용을 겪을 수 있으며 이런 증상이 몇 주 또는 몇 달까지 이어지는 사람도 있다. 이런 부작용은 뇌가 손상되어 나타나는 것은 아니다.

그러나 2016년에 미국 FDA는 "3살 이하 어린이와 임산부에게 전신마취제를 반복해서 또는 장시간 사용하면 어린이 뇌 발달에 영향을 줄 수 있다"고 경고했다. 이런 이유로 마취 시간이 3시간 이상일 경우에는 마취과 전문의들이 부모나 임산부에게 마취의 장점과 위험성 등을 설명하도록 권장하고 있다. 임신한 동물이나 어린 실험동물에게 짧은 시간 동안 전신마취제를 사용했을 때는 뇌에 큰 영향이 없었지만 3시간 이상 마취시키면 뇌의 신경세포가 손상되어 동물의 행동과 학습 능력이 저하된다는 실험 결과가 나왔기 때문이다. 인체에 실험한 결과, 마찬가지로 단시간 전신마취제를 사용했을 때 어린이의 행동과 학습 능력에 부정적인 영향은 없는 듯 보인다. 하지만 장시간 마취할 때 어린이 뇌에 어떤 영향이 미치는지는 현재까지 명확히 밝혀지지 않았다.

잔인했던 과거 수술의 한계를 뛰어넘게 해준 마취제의 발견은 혁신적인 문명의 진보였다. 마취제는 20세기에도 계속 진화했고 보다 복잡하고 정교한 수술을 뒷받침해주는 지원군이 되어 수술 성공률을 높였다. 과학자들은 최근에 제기된 쟁점인, 전신마취가 뇌에 미치는 부작용 문제를 극복하기 위해 부단히 연구하고 있다.

백신, 시대의 용기가 빚어낸 결실

2011년, 뉴욕 주 퀸스 카운티의 공사장에서 굴착기 기사가 화려하게 장식된 금속 상자를 발견했다. 그 상자는 다름 아닌 관이었다. 법의학자 스콧 워너시Scott Warnasch는 조심스레 관을 열어보았다. 관 속에는 잠옷과 양말을 갖춰 입은 흑인 여성의 시신이 썩지 않고 그대로 보존되어 있었다. 이 여성은 19세기 중반 노예제도가 있었던 당시의 사람으로 보였다. 그런 시대에 흑인 여성을 화려한 관 속에 넣다니 의아한 일이었다.

시신을 자세히 살피던 워너시 박사와 검시관들은 갑자기 뒷걸음질을 쳤다. 죽은 여성의 얼굴에 천연두 환자에게서 흔히 보이는 흉터가 남아 있었던 것이다. 검시관들은 당시 사람들이 천연두가 퍼지는 것을 막기 위해서 그 여성을 방부 처리해 고가품 관 속에 넣어 밀봉했음을 알아챘다. 공사장은 즉시 생물학적 위험지역으로 선포되었다. 지구상에서 완전히 사라졌다고 여겨진 천연두 바이러스가 시체 속에서 얼마나 생존할 수 있는지는 아무도 알 수 없었다. 천연두 백신도 없는 지금의 상황에서 시체 속에 잠복한 천연두 바이러스가 좀비처럼 다시 모습을 드러낼 경우 뉴욕 시뿐 아니라 인류 전체가 대재앙을 맞을지 모를 일이었다. 질병관리본부에서 시체를 실험실로 가지고 가 분석한 결과 다행히 '전염될 가능성은 매우 낮다'는 결론이 나왔다. 〈네이처〉에 소개된 21세기 천연두와 관련된 최대의 에피소드는 이렇게 끝이 났다.

천연두가 지구상에서 사라지기까지

천연두는 천연두 바이러스smallpox virus로 감염된다. **인류에 가장 치명적인 질병으로 전염성이 매우 강하며 천연두에 걸린 사람 가운데 30%가 사망했다.** 천연두에 걸리면 열이 나고, 피부에 물집과 고름이 생기며 한번 걸리면 얼굴에 곰보 자국이 남는다.

천연두는 기원전 1만 년 아프리카 북동부에서 농업이 정착된 시대부터 있었던 것으로 추정된다. 기원전 1157년에 젊은 나이로 사망한 이집트 람세스 5세 미라가 천연두의 얼굴 흉터를 보여주는 가장 오래된 미라라 하겠다. 천연두는 기원전 1세기경 이집트에서 인도와 유럽으로 전파되었으며, 실크로드가 열리면서 중국에까지 퍼져나갔다.

천연두는 문명의 성패를 좌우하기도 했다. 그리스 역사학자 투키디데스는 《펠로폰네소스 전쟁사》에 천연두가 아테네를 휩쓸어 스파르타와의 전쟁에서 아테네가 질 수밖에 없었다고 썼다. 유럽인들은 의

도하지는 않았지만 천연두 덕에 아즈텍, 마야, 잉카 제국을 쉽게 정복할 수 있었다.

1519년에 코르테스가 이끄는 스페인 군대가 아즈텍에 도착했을 때, 처음에는 아즈텍 전사들이 스페인 군대를 내쫓을 기세였다. 그러나 천연두가 무섭게 퍼지면서 제국의 도시와 병영 전체에 환자와 사망자가 크게 늘어났다. 더욱이 아즈텍 전사들은 심리적으로도 매우 위축되었다. 자신들의 동료는 병으로 죽어나가는데 스페인 군인들은 까딱없는 것을 보고 자신들이 믿는 자연신보다는 서양의 기독교 신이

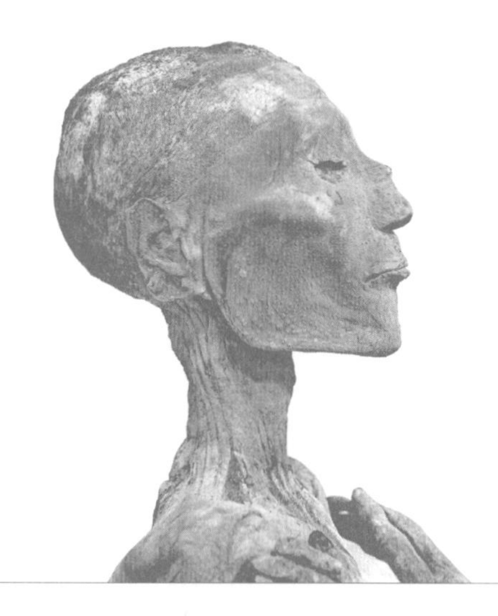

천연두를 앓았던 람세스 5세의 미라

람세스 5세 미라의 얼굴을 자세히 들여다보면 천연두를 앓은 흔적인 곰보 자국이 보인다. 그는 지금까지 알려진 천연두 환자 가운데 가장 오래된 환자다. 이집트에서 인도와 유럽, 중국에까지 퍼져나가며 수천 년 동안 인류를 위협했던 천연두는 1977년 소말리아에서 마지막 환자가 발견된 이후 지구상에서 완전히 사라졌다.

훨씬 강력해서 그렇다고 믿었기 때문이다. 이미 천연두 바이러스에 노출되어 몸속에 면역이 생긴 스페인 군인들과 달리 천연두 바이러스를 처음 접한 아즈텍 사람들에게 천연두 바이러스는 재앙 그 자체였다. 천연두가 유행한 뒤, 아즈텍 사람 2500만 명 중 500~800만 명이 사망했고 아즈텍 문명은 2년 만에 몰락하고 말았다.

18세기 유럽에서는 천연두로 해마다 약 40만 명이 사망했으며 환자의 3분의 1은 눈이 멀었다. 20세기에도 천연두로 전 세계에서 약 3~5억 명이 사망한 것으로 알려져 있다. 조선 말기 지석영은 제생의원에서 천연두에 면역성을 갖게 하는 종두법을 배운 뒤, 한국 최초로 1879년에 2살 된 처남에게 소에서 뽑은 우두를 접종했다. 〈미국의학협회저널〉에는 1908년에 일본이 조선통감부를 세우고 조선인 54만 명에게 우두를 접종했다는 기록이 있다.

우리나라에서는 한국전쟁 당시 4만 명가량의 환자가 생길 정도로 천연두가 크게 유행했지만 1960년 3명을 마지막으로 천연두가 사라졌다. 유럽과 북미에서는 1950년대 이르러 대부분의 지역에서 천연두가 사라졌다. 그러나 1958년에 전 세계 63개 국가에서 천연두가 발생했고, 세계보건기구는 1967년부터 1980년까지 천연두 박멸 프로그램을 진행했다. 1977년 소말리아에서 마지막 환자가 확인된 뒤 1980년 세계보건기구는 천연두가 완전히 퇴치되었음을 공식 선언했다.

바이러스로 바이러스를 막다, 천연두 백신의 탄생

천연두 백신은 역사상 가장 위대한 약으로 뽑힌다. 그렇지만 완전한 천연두 백신이 만들어지기 전까지 우여곡절이 많았다. 10세기 중국에서는 천연두 환자의 고름을 분말로 만들어 건강한 사람의 코나 피부에 발라 천연두를 예방하는 원시적인 민간요법이 행해졌다. **1549년 명나라 의사 만전万全은 《두진심법痘疹心法》에 최초로 천연두 접종법을 기록으로 남겼는데, 이 접종법은 17세기 후반 페르시아와 터키, 아프리카에서 민간요법으로 쓰이기도 했다.**

18세기 영국 귀족인 메리 몬태규Mary Montagu 부인은 오스만제국 대사로 부임한 남편을 따라 터키에 잠시 머물렀다. 그녀는《보스포러스 해협의 삶The Life of the Golden Horn》에서 당시 무슬림 여성의 모습을 묘사했고, 지인에게 보내는 편지에 터키에서 경험한 다양한 문화와 관습을 소개했다. 그중에서 천연두 접종법을 소개한 글이 유명하다.

가을이 되어 대지의 열기가 식었을 때 노파는 천연두 환자의 상처에서 뽑아낸 고름을 호두 껍데기와 주삿바늘에 담아서 감염되지 않은 사람의 피부를 긁거나 혈관 부위에 상처를 내서 접종시켜. 상처 부위에는 작은 딱지가 생기지. 처음 2~3일 동안은 열이 나지만 8일이 지나면 완전히 몸이 회복돼. 이 방법은 미신은 아닌 것 같아. 매년 수천 명이 이런 접종을 받기도 하고 안전하다는 생각이 들어 내 아들에게도 접종해 보려고. 이런 놀라운 방법을 영국에 소개해서 많은 사람을 살리고 싶어.

천연두 환자의 상처에서 뽑아낸 고름을 접종하는 인두人痘 접종법은 엄청난 위험이 따르는 것이었다. 하지만 그녀는 의사의 도움을 받아 5살 난 아들에게 고름을 접종했다. 조금 앓다가 바로 회복된 아들은 그 이후로 천연두에 걸리지 않았다. 런던으로 돌아온 그녀는 인두 접종법을 전파하기 위해 애썼지만 의사들은 그 방법이 검증되지 않은 동양의 민간요법이며 위험하다는 이유로 받아들이려 하지 않았다.

천연두가 영국을 덮쳤을 때 그녀는 딸에게 고름을 접종했고, 딸이 바로 회복되자 이 사실을 사람들에게 알렸다. 1721년 몬태규 부인은 인체 실험을 통해 인두 접종의 효과를 확인해 보자고 제안했다. **7명의 사형수에게 인두를 접종시킨 다음 이들이 살아난다면 석방시켜주는 조건을 내걸었다. 실험 결과, 사형수 모두 1~2주 내에 회복되었다. 이 운 좋은 사형수들은 천연두에 걸리지 않았을뿐더러 자유의 몸이 되었다.** 인두 접종법이 안전함을 확인한 몬태규 부인은 영국 왕실을 설득해 공주의 두 딸에게 인두를 접종했고 딸들은 천연두의 공포에서 벗어날 수 있었다. 이 소식은 유럽은 물론 식민지였던 미국에까지 퍼졌다.

미국에서는 1721년에 처음으로 인두 접종법이 도입되었다. 과학과 의학에 관심이 많았던 목사 코튼 매더Cotton Mather는 보스턴에 천연두가 퍼지자 의사 잡디엘 보일스턴Zabdiel Boylston을 설득해 인두 접종을 했다. 매더와 보일스턴은 접종한 이후의 효과를 알아보기 위해 최초로 통계를 내서 비교하는 방법을 썼다. 비교 결과 접종을 받은 244명

가운데 사망한 사람은 6명으로, 사망률이 2%였지만, 접종을 받지 않은 5,980명 가운데 사망한 사람은 844명으로 사망률이 14%에 이르렀다. 그 결과 미국의 13개 주 전역에서 인두 접종이 행해졌다. 당시 미국 식민지 군사령관이었던 조지 워싱턴은 병사들에게 인두를 접종

영국 리치필드에 있는 몬태규 부인 기념비

몬태규 부인은 터키에서 배워온 인두 접종법을 5살 아들에게 시도했고, 아들이 천연두에 걸리지 않자 접종법을 알리기 위해 애썼다. 그가 전파한 인두 접종법은 영국을 거쳐 유럽, 북아메리카로 널리 퍼져 많은 생명을 구했다. 몬태규 부인은 전문가로 불리는 사람들보다 과학적이고 열린 눈으로 인두 접종을 바라보았고 결과적으로 그들을 능가하는 대단한 업적을 남겼다.

하는 것을 처음에는 달갑게 여기지 않았다. 하지만 접종의 효과를 확인한 워싱턴은 천연두에 걸리지 않은 모든 병사는 반드시 인두 접종을 받으라는 명령을 내리기도 했다.

몬태규 부인이 터키에서 배워온 민간요법인 인두 접종법은 영국을 거쳐 유럽과 북아메리카로 널리 퍼져 표준 접종법이 되었고 수많은 생명을 구했다. 몬태규 부인은 의학 전문가들보다 과학적이고 열린 눈으로 인두 접종을 바라보았고 결과적으로 그들을 능가하는 대단한 업적을 남긴 셈이다. 그로부터 약 50년 뒤에는 인두 접종법 대신에 소에서 뽑은 천연두 바이러스인 우두cowpox 바이러스를 접종하는 방법이 등장했다. 이로써 천연두로 희생되는 이들의 목숨을 구하고자 한 그녀의 집념은 꽃을 피우게 된다.

천연두 백신으로 수많은 생명을 살리다

1700년대 중반 영국에서는 수천 명의 어린이가 인두 접종을 받았는데, 그 가운데에는 '백신의 아버지' 에드워드 제너Edward Jenner도 있었다. **당시 사람들은 목장에서 소젖을 짜는 처녀들은 천연두에 잘 걸리지 않으며 천연두보다 덜 치명적인 우두를 앓았던 이들도 천연두에 걸리지 않는다고 말하곤 했다.** 사람들 사이에 떠돌던 이런 이야기가 의사들의 귀에도 들어갔다. 이를 바탕으로 의사 존 퓨스터John Fewster는 '우두에 감염되면 천연두에 면역이 생긴다'는 내용의 논문을 발표했지만 크게 주목받지는 못했다.

1774년 영국에서 천연두가 유행할 때 농부 벤자민 제스티Benjamin Jesty는 새로운 사실을 발견했다. 소젖을 짜는 소녀 2명은 천연두에 걸리지 않았지만, 함께 사는 남동생과 사촌은 천연두를 앓았던 것이다. 제스티는 소녀들이 예전에 우두에 걸렸다는 것을 알게 되었다. 그는 가족의 팔에 상처를 낸 뒤, 우두에 걸린 소의 물집에서 채취한 고름을 주삿바늘로 접종했다. 천연두에 면역이 생긴 제스티의 가족은 이후 천연두가 다시 유행했을 때에도 천연두에 걸리지 않았다. 그러나 제스티는 병에 걸린 동물의 분비물을 사람 몸에 넣는 것 자체가 혐오스럽고 비인간적이라는 주위의 야유와 매도에 시달려야 했다.

약 20년 뒤 의사였던 제너는 '우두에 걸린 처녀의 수포 속 고름으로 천연두를 예방할 수 있다'는 가설을 세우고 실험을 했다. 채취한 우두 고름을 정원사의 8살 된 아들 제임스 핍스James Phipps의 양팔에 접종한 제너는 이렇게 기록했다. "7일째 겨드랑이에 불편함이 있었고, 9일째 몸이 으스스해지고 두통과 식욕이 없어지는 증상이 나타났지만 다음 날은 괜찮아졌다." 6주 뒤 제너는 핍스에게 천연두에 걸린 환자의 인두를 접종했고 그 뒤 핍스는 면역이 생겨 천연두에 걸리지 않았다. 제너는 실험 결과를 영국왕립학회에 알렸지만 증거가 미약하다는 이유로 논문 게재를 거부당했다. 계속해서 제너는 자신의 아들을 포함한 23명에게 우두 접종법을 실험했고, 마침내 1798년 우두 접종법이 천연두를 예방한다는 사실을 입증했다. 논문에서 제너는 처음으로 우두 접종법을 '백신vaccination'으로 명명했다.

19세기 말까지 천연두 예방을 위해 우두 접종법과 인두 접종법이 모두 사용되었다. **특히 의사들은 인두 접종을 위해 진료 가방에 천연두에 걸렸던 사람의 피부 딱지를 가지고 다녔다.** 천연두에 걸린 가족을 구하기 위해 편지 봉투에 피부 딱지를 넣어 보내는 사람들도 있었다. "피부 딱지가 아버지에게 빨리 도착하기를. 어제 아기의 팔에서 떼어낸 신선한 천연두 피부 딱지라서 또다시 잃어버리면 안 돼요. 이 정도면 열댓 명은 충분히 접종시킬 수 있어요." 1876년 대도시에 거주하던 아들이 시골 마을에 사는 아버지에게 보낸 편지 내용이다.

제너는 우두 접종의 효과를 논문으로 입증했으며, 백신을 무상 공급하고 우두 접종법을 전파하는 데 기여했다. **그는 우두 접종법을 반대하는 이들에게 굴하지 않고 지속적으로 백신을 개선하여 더 많은 사람이 접종받을 수 있도록 노력했다.** 1840년 영국 정부는 백신법을 제정해 위험 부담이 더 높은 인두 접종을 금지하고 백신을 공식적으로 사용하기로 했다. 더 나아가 의무적으로 백신을 사용하도록 법을 개정했고, 이로써 근대적 의미의 예방접종이 탄생했다. 제너의 업적은 100년 뒤 루이 파스퇴르가 광견병과 탄저병을 예방하는 진보된 개념의 백신을 개발하는 길을 열어주었다.

백신을 맞느니 감옥에 가겠다, 백신을 거부하는 사람들

역사상 위대한 업적이나 발견에는 항상 비판과 음모론이 따른다. 백신도 예외는 아니었다. 교회에서는 백신이 동물에서 나온 분비물을 이용하는 것이기 때문에 종교 윤리에 맞지 않다고 반대했으며, 일부 부모는 아이 팔에 상처를 내서 접종하는 방식을 두려워했다. 제너의 이론을 믿지 않는 사람들은 백신이 과연 효과가 있는지 미심쩍어했고, 부작용도 걱정스럽다며 비판했다. **정부가 백신 접종을 의무로 하고 접종하지 않으면 벌금까지 물리는 것은 개인의 자유를 빼앗는 행위라고 생각하는 사람들도 있었다.** 이러한 생각이 사회운동으로 확산되어 '백신접종의무 반대연맹' 같은 조직이 만들어졌고 백신 접종을 반대하는 내용의 잡지도 생겨났다.

영국 레스터 마을에서는 백신 반대 운동이 매우 활발했고, 지역신

안티백신운동

백신을 맞으면 자폐증에 걸린다는 웨이크필드의 논문은 결국 조작된 것으로 밝혀졌다. 웨이크필드의 주장을 바탕으로 만든 다큐멘터리 영화 〈백스드Vaxxed〉는 트라이베카 영화제에서 상영을 검토했지만, 의료계의 거센 항의로 상영을 취소했다.(출처:게티이미지코리아)

문에는 "백신 반대 현수막을 들고 자녀에게 백신을 맞히느니 감옥에 가겠다고 결심한 젊은 엄마 한 명과 남성 두 명이 앞장섰고 뒤따라 많은 군중이 행진했다. 군중은 그들의 용기에 환호를 보냈다"는 기사가 실리기도 했다. 아이가 들어갈 만한 크기의 관, 제너의 얼굴을 흉측하게 일그러뜨린 모형을 들고 행진한 백신 반대 시위에는 8만~10만 명의 군중이 참여했다. 이에 따라 1898년에 백신법이 또다시 개정되었다. 백신의 부작용을 우려하는 부모들은 백신 접종 면제 증명서를 받으면 되었고 접종을 하지 않았을 때 벌금을 내는 조항도 없앴다.

흥미롭게도 백신을 둘러싼 찬반 논란은 지금까지도 이어진다. 영국 의사 앤드루 웨이크필드Andrew Wakefield는 1998년 의학 학술지 〈란셋〉에 아이들이 MMR(홍역, 볼거리, 풍진) 예방 백신을 맞으면 자폐증에 걸린다는 내용의 논문을 발표했다. 전 세계적으로 많은 논란이 일었고, 소아과와 보건소에 부모들의 문의가 빗발쳤다. 특히 영국에서는 어린 자녀를 둔 부모들이 백신 접종을 거부했다. 그 결과 1998년에 10건 안팎이었던 홍역 발생 빈도가 2012년에는 역사상 가장 많은 2000건으로 늘어났다.

논문을 면밀히 검토한 과학계는 논문 내용이 조작되었다는 결론을 내렸다. 〈란셋〉은 12년 뒤 해당 논문을 철회했고 여러 역학조사를 통해서 백신과 자폐증은 관련이 없다는 결론을 내렸다. **의료계에서는 이 사건을 "지난 100년 동안 가장 악의적인 거짓말"이라고 부른다.** 그러나 아직도 백신 접종을 반대하는 단체들은 의사들이 백신의 위험성을 알고 있으면서도 제약 회사와의 이해관계 때문에 위험성을 은폐하려 한다고 주장한다. 2017년 도널드 트럼프 미국 대통령은 취임하자마자 현재 미국의 백신 정책이 의문스럽다며 행정부에 백신의 안전성을 검증하는 위원회를 신설했다. 앞으로 미국 정부와 과학자, 국민 사이에 일고 있는 백신 전쟁이 더욱 가열될 전망이다.

21세기 바이러스의 운명

역사 이래 전 세계를 공포로 몰아넣었던 천연두 바이러스의 마지막 운명은 어떻게 될까. **1980년 천연두 바이러스가 사라진 뒤, 세계보건기구는 1993년을 끝으로 세계 모든 연구소에 남아 있던 천연두 바이러스 물질을 폐기하고 미국 질병예방센터CDC와 러시아 벡터VECTOR 연구소, 두 곳에만 보관하도록 했다.** 그러나 천연두 바이러스가 이 두 장소에만 존재할 것이라고 믿는 과학자들은 거의 없다. 천연두 바이러스는 저온에서도 생존할 수 있기 때문에 어느 실험실 냉동고에 숨어서 잠자고 있을지 모를 일이다.

개발도상국들은 불의의 사고가 일어날 수도 있으니 천연두 바이러스를 지구상에서 완전히 없앨 것을 주장해왔다. 천연두 바이러스를 보유한 두 나라 가운데 러시아는 천연두 바이러스를 대량으로 만들 수 있는 시설을 갖췄고 탄도미사일에 바이러스를 실은 생물학 무기로 적을 공격할 수 있다고 알려져 있다. 또한 미국은 바이러스 연구를 위해서라도 천연두 바이러스를 완전히 없애면 안 된다며 세계보건기구를 압박하고 있다. 보건 전문가들은 이제 천연두 바이러스를 없앨

지 그대로 둘지를 두고 세계보건기구가 내릴 최종 결정을 주목하고 있다.

최근 들어 새로운 바이러스가 세계 곳곳에서 나타나고 있다. 2014년 서아프리카를 휩쓸고 간 치사율 90%의 에볼라 바이러스에 맞서기 위한 백신은 1년 뒤에야 만들어졌다. 2015년 여름 한국을 공포에 몰아넣은 메르스 바이러스는 다행히 진정은 됐지만 현재까지 백신이나 항바이러스제는 개발되지 않았다. 2016년 남미와 카리브 해를 휩쓴 지카 바이러스를 예방할 수 있는 백신도 아직 없다.

과거와는 달리 지구가 일일생활권 안에 들어 바이러스가 전파되는 속도가 매우 빠르고 온난화로 초래된 기상 변화로 인해 변종 바이러스가 계속 생겨나 인류를 위협하고 있다. 이러한 신종 바이러스에 대처하기 위해서는 백신과 치료제를 신속히 개발하고 조기에 진단할 수 있는 체계를 세우며 국가 간에 정보를 공유하는 국제적인 공동 협력이 시급하다.

간단한 방법으로 수많은 생명을 구한 소독제

산욕열puerperal fever은 18세기 중반 유럽 도시에서 산후 병원이 등장하면서 나타났다. 산후 병원은 아이를 낳고 산후조리를 하는 산모들로 붐볐고 몹시 불결했다. 침대 시트뿐 아니라 수술 도구와 붕대도 더러웠다. **소독이라는 개념이 없었던 탓이다.** 18세기 중반부터 19세기까지 유럽에서 산욕열은 매우 흔한 병이었지만 왜 그 병에 걸리는지 정확한 원인을 몰랐다. "아기를 낳을 때 나쁜 공기에 노출되어서", "출산한 여성의 정신 상태가 불안정해서", "자궁이 커질 때 받는 압력 때문에"라는 어이없는 주장을 바로잡아야 할 산부인과 의사들마저 산욕열을 '출산 여성에게 나타나는 특이한 증상' 정도로만 여겼다.

산욕열은 아기를 낳은 지 3일밖에 되지 않은 산모들이 많이 걸렸는데, 사망률이 10~35%에 이를 만큼 높았다. 1820년 스코틀랜드 작가 존 맥킨토시John Mackintosh는 "런던 거리 모퉁이마다 무서운 질병으로 죽은 엄마들을 애도하는 행렬이 끊이지 않았다"고 기록했다.

비엔나 병원 산부인과 의사 이그나츠 제멜바이스Ignaz Semmelweis는 3년 동안 산욕열로 사망한 산모의 사망률을 조사했는데 결과는 충격적이었다. **의사들이 관리한 제1병동의 사망률은 16%였는데, 조산원들이 담당했던 제2병동의 사망률은 2%에 불과했다.** 이 사실이 알려지자 무릎을 꿇고 빌면서 의사들이 관리하는 제1병동으로 보내지 말아달라는 산모가 있을 정도였다. 그런데 이와는 별개로 병원에 도착하기 전에 출산한 여성은 산욕열 발생률 자체가 매우 낮았다.

제멜바이스는 왜 사망률에 차이가 나는지 면밀히 관찰했다. 그는 제1병동 의사들이 매일 아침, 전날 사망한 출산 여성의 시체를 부검하는 반면에 제2병동의 조산원들은 시체 부검은 하지 않는다는 사실을 알아냈다. 하루는 동료 의사가 시체를 부검하던 중에 손에 상처를 입고 패혈증으로 사망했는데 산욕열로 사망한 여성의 발병 원인, 경과와 놀랍도록 비슷했다. 그는 다음과 같이 밝혔다. "갑자기 산욕열에 걸린 여성과 내 동료는 같은 이유로 사망했으리라는 생각이 내 뇌리를 스치고 지나갔다. 의사들이 시체를 해부하고 절개했던 손과 손가락으로 분만을 도우면 죽음의 독소가 출산한 여성의 생식기로 퍼져나가는 것이다." 제멜바이스는 의사들이 병동에 들어가기 전에 반드시 염소 액체 소독약으로 손을 소독하도록 했다. 그러자 사망률이 2%로 낮아졌다.

제멜바이스는 분만실의 위생 상태를 좋게 하고 청결을 유지하는 것이 중요하다고 주장했지만 당시 의사들은 그의 주장을 무시하고 반대하기까지 했다. 병원에서 해고된 그는 자신이 연구한 내용을 바로 발표하지 못했다. 분노한 제멜바이스는 유럽 산부인과 의사들에게 공개 항의서를 보내 '무책임한 살인자'라며 그들을 비난했다. 불행하게도 그는 우울증을 앓다가 말년을 정신병원에서 보냈고, 손가락 상처로 인한 패혈증으로 40대 후반의 짧은 생애를 마감했다.

사람들이 손을 자주 씻어야 하고, 의사가 진료하거나 수술을 할 때 손과 수술 도구를 수시로 소독해야 하며, 병을 예방하기 위해서는 반드시 소독을 해야 한다는 것이 보편적인 상식으로 자리 잡은 지는 100년밖에 되지 않았다. 19세기 말까지만 해도 질병의 80%는 세균에 의해 전파된다는 사실을 알지 못했기 때문이다.

전쟁터에서 빛을 발한 소독제

소독제antiseptics는 세균을 죽이거나 성장을 막는 물질이란 뜻이다. 그렇다면 항생제antibiotics와 소독제는 어떻게 다를까? **항생제는 박테리아만을 죽이는 데 반해 소독제는 박테리아를 포함한 곰팡이, 바이러스 등과 같은 여러 세균을 동시에 죽인다.** 또한 항생제는 온몸에 퍼져 있는 세균을 주사나 약을 통해 죽이지만 소독제는 손을 씻거나 상처 또는 수술 부위에 바르는 데 쓰인다. 상처가 나거나 수술을 한 부위는 박테리아, 바이러스, 곰팡이 등에 쉽게 감염되어 소독제를 쓰지 않으면 세균 수가 급격히 증가해 급성 염증과 패혈증이 생긴다.

19세기 말에 이르러 세균 감염을 예방하기 위해 소독제를 적극적으로 쓰기 시작했지만, 소독제라고 할 만한 물질은 기원전부터 있었다.

기원전 4세기에 그리스인들은 시체가 썩을 때 나는 악취를 막기 위해 유황 연기를 이용했으며, 인도에서도 수술실에서 유황 연기를 피웠다는 기록이 있다. 흑사병이 창궐했던 중세 유럽에서는 환자가 머물던 집이나 쓰던 물건 등을 유황 연기를 이용해 소독했다고 알려져 있다. 고대 그리스와 로마인들은 와인을 소독제로 썼다고 한다. 히포크라테스는 상처를 와인과 식초로 소독하기도 했다.

다양한 소독제가 개발되고 활용된 곳은 전쟁터였다. 18세기에는 전쟁터에서 수술을 받다가 균에 감염되어 패혈증으로 죽는 군인들이 많았다. 외과 의사 찰스 길만Charles Gillman은 염증이 심한 병사의 손에 우연히 럼주를 쏟았는데, 이후 그 염증이 빨리 나았다는 것을 알게 되었다. 하지만 유럽 의사들은 술의 알코올 성분이 '감염 원인을 없앨 수 있다'는 생각을 받아들이지 않았다.

1861년에 일어난 남북전쟁에서 사람들은 감염으로 인해 엄청난 희생을 치렀다. 외과 의사들은 보통 손과 수술 도구를 물로 씻기만 했지 소독은 하지 않았다. 수술 장갑 없이 맨손으로, 수술용 가운도 없어 평소 입던 옷을 입고 푸줏간에서 쓸 법한 앞치마를 두르고 수술을 했다. **전쟁터에서 부상을 입어 죽은 사람보다 의료 캠프에서 세균에 감염되어 죽은 사람이 더 많을 정도였다.** 1863년에 외과 의사 미들턴 골드스미스Middleton Goldsmith는 혈액이 공급되지 않아 피부가 썩어 들어가는 괴저 환자에게 브롬액이라는 약을 발랐더니 피부 조직이 더 이상 죽지 않는다는 것을 알아냈다. 브롬액으로 치료한 304명 가운데 단 8명만이 사망했다.

19세기에 마취제가 개발되어 외과 수술이 활발히 행해졌지만 수술이 성공적으로 끝났어도 세균에 감염되어 죽는 사람들이 많았다. 스코틀랜드 의사 조지프 리스터Joseph Lister는 '발효와 식품 부패의 원인은 세균이다'라는 내용의 파스퇴르의 논문을 읽은 뒤, 수술에 의한 감염도 같은 원인으로 일어난다고 생각해 세균을 죽이는 소독제를 연구하기 시작했다. 1865년에 7살 소년의 다리에 생긴 상처를 페놀액을 적신 붕대로 감아놓았더니 세균 감염이 일어나지 않았으며 6주 뒤 소년은 완전히 나았다. 이를 본 리스터는 의사들이 페놀액으로 수술 전

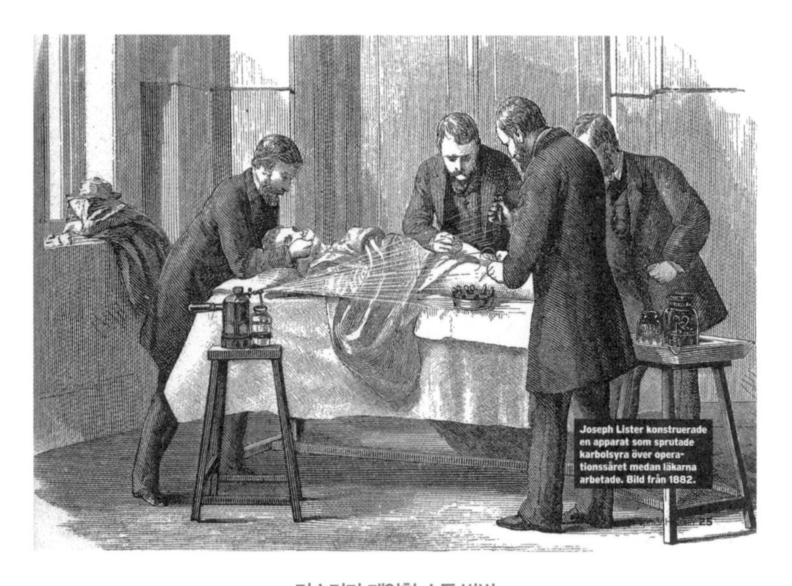

리스터가 제안한 소독 방법

19세기에 마취제가 개발되어 수술이 활발해졌지만, 수술이 성공적으로 끝났어도 세균에 감염되어 사망하는 환자들이 많았다. 페놀액이 세균 감염을 막는다는 사실을 알아낸 리스터는, 의사들이 페놀액으로 수술 전후에 손을 씻고, 수술 도구를 깨끗이 닦고, 수술실에 페놀액을 뿌리도록 했다. 리스터가 제안한 소독 방법을 쓴 뒤 세균 감염에 의한 사망률은 눈에 띄게 줄었다.

후에 손을 씻고, 수술 도구를 깨끗이 닦고, 수술실에 페놀액을 뿌리도록 했다. 리스터가 제안한 소독 방법을 쓴 뒤 세균 감염에 의한 사망률은 현저히 낮아졌다. 그러나 제멜바이스와 리스터가 주장한 소독 기술은 사람들이 병에 걸리는 이유는 세균 때문이라는 세균론germ theory이 받아들여지고 나서야 의료계에 정착된다.

병원 대신 약국으로, 국민 소독제의 등장

20세기에 들어와 이른바 '빨간약' 머큐로크롬mercurochrome이 소독제로 널리 쓰였다. 1919년 존스홉킨스 병원 비뇨기과 의사인 휴 영Hugh Young은 물에 머큐로크롬 2%를 녹인 용액이 담긴 시험관에서 여러 종류의 세균이 죽는 것을 발견했다. 영은 동물실험과 임상 시험 뒤 그 결과를 발표했다. "머큐로크롬 용액을 혈관 정맥을 통해 주사하면 방광과 신장의 오래된 감염 부위에 치료 효과가 빠르게 나타나며, 자극이나 독성도 강하지 않다. 또한 혈액에 장시간 남아 있기 때문에 치료 효과도 오랫동안 지속된다."

머큐로크롬은 처음에는 정맥주사로 신장염과 방광염을 치료할 때 쓰였지만, 점차 전 세계적으로 널리 쓰이는 약이 되었다. 약국에서 쉽게 구할 수 있어서 부모들은 아이가 가벼운 상처를 입으면 병원에 가는 대신 대개 집에서 머큐로크롬으로 소독하는 것으로 끝냈다. 우리나라도 예외가 아니었다. 일제강점기부터 살갗이 벗겨지거나 칼에 베이거나, 심지어는 배가 아플 때도 빨간약을 바르면 낫는다고 믿을 정도로 머큐

로크롬은 20세기 만병통치약이었다. 그러나 1998년에 미국 FDA는 머큐로크롬에 포함된 중금속 수은이 인체에 '안전하지 않다'는 판정을 내렸고, 머큐로크롬은 한국을 포함한 여러 국가에서 퇴출되었다.

현재 전 세계에서 가장 많이 사용하는 소독약으로 과산화수소, 알코올, 염소 계열 소독제, 포비돈 요오드povidone-iodine가 있다. 포비돈 요오드는 살균 효과가 뛰어나며, 상처에 바르면 아프지 않고, 부작용이 적어 현재까지 개발된 소독제 중에서 가장 널리 쓰인다.

1829년에 프랑스 의사 장 루골Jean Lugol은 물에 요오드와 칼륨을 섞어 루골 용액을 만들어 남북전쟁에서 부상자를 치료하는 데 썼다. 원소 요오드에 세균을 죽이는 효능이 있다는 사실은 1882년에 밝혀졌다. 그 뒤 1908년에 알코올에 요오드를 녹여 만든 요오드 팅크제가 개발되어 피부 수술에 소독제로 사용되었다. 그러나 루골 용액과 요오드 팅크제는 상처에 바르면 아프고 따가우며 피부에 착색이 되기까지 했다.

1955년 요오드 소독제의 단점을 극복하기 위해 요오드와 다른 화학 성분을 결합시킨 포비돈 요오드가 개발되었다. 포비돈 요오드는 요오드가 천천히 분해되어 피부나 점막에 자극이 적으며 피부에 착색되지도 않는다. 머큐로크롬을 기억하는 사람들은 포비돈 요오드를 '빨간약'이라고 부르지만 포비돈 요오드의 실제 색깔은 갈색이다. 베타딘이라는 상표로도 잘 알려진 이 약은 박테리아, 곰팡이, 바이러스를 죽이는 살균 작용이 뛰어나다. 손 소독제에는 7.5~10%의 포비돈 요오드 용액이 들어 있는데, 특이하게도 농도가 낮아질수록 살균 효과가 높아진다.

지난 180여 년 동안 많은 병원과 가정에서 요오드 소독제를 사용해 왔지만 요오드에 죽지 않고 내성을 갖는 세균은 발견된 적이 없다. 여기서 소독제는 어떤 조건을 갖춰야 좋은지 그 기준을 엿볼 수 있다. **소독제는 다양한 병원성 세균 및 바이러스를 빠르게 죽이는 반면에, 사람에게 해가 없어야 하며, 물에 잘 녹아야 한다.** 특히 몸에 직접 바르는 소독제는 자극적이지 않고 악취가 없으며 사용법이 간단할수록 좋다.

소독제로 막지 못하는 바이러스

소독제가 등장하면서 상처를 제때에 치료할 수 있게 되었고 수술 중 세균에 감염될 확률도 크게 줄었다. 그렇다면 공기로 전파되는 전염병은 소독제로 얼마나 예방할 수 있을까? 2015년 메르스 바이러스는 한국의 여름을 공포로 숨죽이게 만들었다. 우리는 백신의 필요성을 절감했으며 손 씻기, 손 소독제, 마스크 사용이 일상화되었다. 최근에는 포비돈 요오드가 메르스 바이러스를 살균하는 효과가 뛰어나다는 연구 결과가 나와, 국제기구에서 포비돈 요오드 사용을 추천하고 있다.

2016년 11월 조류독감 바이러스가 유행해 3500만 마리의 가금류가 살처분되었다. 거의 3년마다 조류독감이 계속 발생함에도 전파 경로, 백신 효용성, 방역 체계 등을 둘러싸고 논란만 있을 뿐 체계적인 대책 수립은 없이 임기응변 식 땜질 처방만 반복되고 있다. 비슷한 시기에 일본에도 조류독감이 발생했지만 100여 만 마리만 살처분되었다. **전문가들은 국내 조류독감 대응 시스템이 일본보다 50년 뒤처져 있다고 말한다.** 국내에서는 조류독감이 사람에게 전염된 사례는 아직 없다. 그러나 중국은 2016년 10월부터 2017년 2월까지 조류독감에 감염된 사람이 429명, 사망자는 100여 명에 달해 조류독감이 심각한 문제가 되었다. 국내에서도 조류독감 감염 환자가 생기는 것은 머지 않은 일일지 모른다. 이런 와중에 농장에서 사용한 소독제가 효과가 없었고 검증되지 않은 소독제를 사용한 것이 언론에 보도되어 정부와 과학자들에 대한 신뢰가 무너지기도 했다.

박테리아나 바이러스에 의한 감염과 전파를 막기 위해서는 국가가 체계적인 소독 방역 시스템을 갖추어야 하지만 개인 또한 위생에 신경 쓰고 손을 깨끗이 하는 것이 매우 중요하다. 전문가들이 추천하는 최고의 감염 예방 방법은 손을 비누로 자주 씻는 것이다. 세면대에서 씻기 어려울 경우 손 소독제를 가지고 다니는 것도 좋다. **일부 바이러스는 몇 시간을 생존할 수 있기 때문에 공공장소에 놓인 신문이나 잡지, 지폐나 문손잡이 등을 만진 뒤에는 손을 꼭 씻어야 한다.** 기침이 나오거나 재채기를 할 때는 손으로 입을 막지 않고 휴지를 대고 하거나 팔에 하도록 하며 이때 팔은 바로 씻어야 한다. 또한 손으로 입, 코, 눈을 만지지 않도록 한다. 끝으로 전염병을 예방할 수 있는 최선의 방법은 가능하다면 예방접종을 맞는 것이라 하겠다.

인간의 수명을 연장시킨 상하수도 위생 처리 시스템

박테리아와 바이러스는 접촉, 공기, 물 등 여러 경로를 통해 퍼지기 때문에 이를 막기 위해서는 오염되지 않고 소독된 깨끗한 물을 공급받는 것이 필수적이다. 〈영국의학저널〉은 **인류의 가장 위대한 업적 가운데 하나로 상하수도 위생 처리 시스템 도입을 꼽았다.** 미국 ABC 방송도 "19세기에 깨끗한 물과 위생 처리 시스템이 도입되어 수백만 명, 아니 수십억 명의 생명을 구했다. 이는 인류가 이룬 어떤 업적보다 뛰어나며 인간의 평균수명을 크게 연장시킨 사건이었다"고 보도했다.

인류의 상하수도 위생 처리 혁명은 어떻게 이루어졌을까? 기원전 2000년경 고대 그리스와 인도의 책에는 물을 깨끗하게 하기 위해 물을 가열했을 뿐 아니라 모래와 자갈을 이용해 여과했다는 내용이 나온다. 하지만 당시에는 물속에 세균이 있다는 사실을 거의 알지 못했다.

고대 이집트 람세스 2세 무덤에는 물에 떠다니는 부유물을 걸러 정수하는 장면이 그려져 있는데, 이는 요즈음에도 쓰이는 상수도 처리 방식 가운데 하나다. 로마 시대의 상하수도 시설은 오늘날의 상하수도 시설과 비슷하다. 대부분은 지하에 있는 관 형태의 수로를 이용하거나 흔히 '수도교水道橋'로 알려진 거대한 수로 시설을 통해 물을 날랐다. 수도교는 하천이나 도로 위를 가로지르는 상하수도를 받치기 위해 세운 다리로, 이탈리아, 프랑스, 스페인 등에는 아직도 고대에 세워진 수도교가 남아 있다. 이러한 우수한 상하수도 시설 덕분인지는 몰라도 고대에 물 때문에 퍼진 수인성 전염병에 관한 기록은 많지 않다.

산업혁명으로 경제가 성장하고 도시 인구는 늘었지만, 계획 없이 이루어진 도시화는 삶의 질을 비참한 수준으로 끌어내렸다. 이질과 콜레라 같은 수인성 전염병이 널리 퍼져 죽는 사람이 많았고, 국제 교역이 증가하면서 콜레라 발생 빈도도 늘어났다. 1830~60년대에 콜레라가 서부 유럽을 연이어 강타하면서 빈부에 상관없이 사람들을 위협했다. 사람들은 집단적으로 심리적 공황 상태에 빠지기도 했다. 인류가 위기에 닥쳤을 때 영웅이 탄생하듯, 바로 이 시기에 법률가 에드윈 채드윅Edwin Chadwick과 내과 의사 존 스노우가 그 영웅으로 등장한다.

채드윅은 1842년에 '영국 노동자들의 위생 상태'를 다룬 보고서를 발간해 최초의 공중 보건법과 오물 처리법을 의회에 통과시켰다. 그는 도시 배수 시설이 엉망이어서 그로 인해 사람들이 병에 걸린다고 여겨 가정에 상수도 및 하수도 관을 설치하자고 제안했다. 영국 왕실은 그의 제안을 받아들여 대표단을 로마에 파견해 상하수도 공사 설계 방식을 조사하도록 했다. 엄청난 비용을 들인 상하수도 시설 공사는 마무리하기까지 수십 년 걸렸지만, 상하수도 시설은 점차적으로 유럽 전역으로 퍼져나갔고 그에 따라 전염병 발생이 현저히 줄었다.

1854년에는 콜레라가 런던 소호 지역을 강타해 3일 동안 브로드 가 주변에 살던 주민 127명이 사망했으며 런던 전체에서 총 616명이 사망했다. **콜레라 발생 지역을 지도에 표시하던 스노우는 템스 강 하류에 있는 수도 펌프가 콜레라를 퍼뜨리는 진원지임을 알아냈다.** 강물이 이 수도 펌프를 통해 오염된 하수도 물과 섞이기 때문에 강 하류 주민들은 콜레라에 걸렸지만, 상류 수도 펌프를 통해 물을 공급받은 주민들은 콜레라에 걸리지 않았다는 사실도 확인했다. 스노우는 '브로드 가의 공공 수도 펌프를 폐쇄해야 한다'고 했고 그의 주장대로 수도 펌프가 폐쇄된 뒤에 콜레라 발병은 진정되었다.

또한 하류 수도 펌프와 상류 수도 펌프에서 각각 퍼낸 물이 냄새와 맛에서는 별 차이가 없었다는 사실을 통해 스노우는 냄새와 맛만 가지고는 물이 안전한지 여부를 판단할 수 없다는 결론을 내렸다. 그는 상수도 물을 정수하기 위해 최초로 염소 소독을 시도했다. 스노우의 이런 노력에 힘입어 영국 정부는 모래 여과와 염소 소독으로 물을 정수하는 방법을 효과적으로 정착시켰다. 상수도 염소 소독 방법은 유럽 전역은 물론 미국에도 알려졌고 이로 인해 전 세계적으로 수인성 전염병 사망률이 큰 폭으로 줄어들었다.

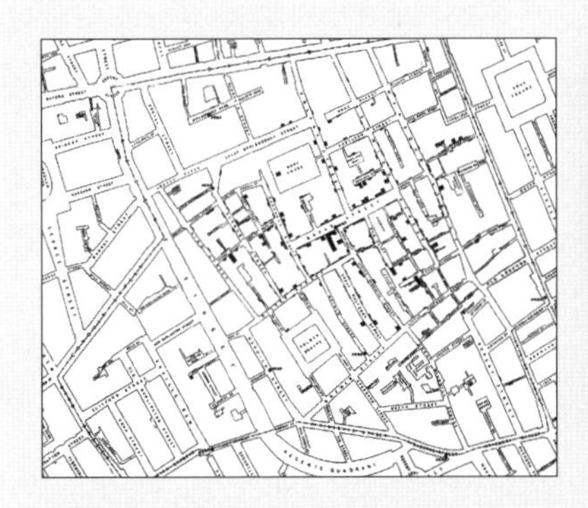

영국 의사 스노우가 추적한 콜레라 발생 지역 지도(왼)와 존 스노우의 수도 펌프(오른)
콜레라 발생 지역을 지도에 표시하던 스노우는 템스 강 하류에 있는 수도 펌프가 콜레라를 퍼뜨리는 진원지임을 알아냈다. 수도 펌프는 곧 폐쇄되었고, 콜레라 발병이 눈에 띄게 줄어들었다. 스노우가 폐쇄시킨 수도 펌프는 존 스노우 기념관과 함께 런던 소호의 관광 명소가 되었다.

질병의 원인을 밝힌 세균론과 항생제 발견

1세기경 고대 로마의 저술가 마르쿠스 바로는 "눈에 보이지 않을 만큼 아주 작은 동물이 코나 입을 통해 우리 몸속에 들어와 죽음에 이르는 질병을 일으킨다"고 썼다. 이 개념은 1,500년 동안 잠자고 있다가 1674년 네덜란드 생물학자 안톤 판 레이우엔훅Antonie van Leeuwenhoek이 현미경을 발명한 뒤 빛을 보게 된다. 레이우엔훅은 사물을 300배 확대해서 볼 수 있는 현미경을 고안해 박테리아를 포함한 원충 등과 같이 맨눈으로는 보이지 않는 생물의 특징을 관찰했다. 그는 이런 생물을 극미동물animalcules이라 불렀다. 사람들은 200여 년이 더 지나서야 극미동물이 전염병의 원인이 될 수 있다고 생각하기 시작했다.

인류는 어떤 이유로 질병에 걸리는지에 관해 끊임없이 탐구해왔다. "귀신이 들리거나 신이 분노해서" 라는 주장은 설득력이 없었다. 그보다 사람들은 미아즈마miasma; 그리스어로 '오염'이라는 뜻 이론을 오랫동안 믿어왔다. 나쁘고 더러운 공기인 미아즈마가 질병을 불러오며, 독한 냄새를 피우고 공기를 더럽히는 것들, 특히 썩은 물질 때문에 병에 걸린다고 생각했다. 흥미롭게도 동서양 모두 미아즈마를 질병의 원인으로 여겼다.

히포크라테스도 나쁜 공기가 역병을 불러온다고 말했다. 고대 로마의 건축가 비트루비우스는 "습지 마을은 연무와 안개로 나쁜 공기가 쌓이기 때문에 비와 안개를 피할 수 있는 고지대에 도시를 만들어야 한다"고 했다. 고대 인도에서는 구장나무 잎으로 싸서 껌처럼 씹는 빤paan이 미아즈마를 막는 데 효과가 있다고 믿었다. 고대 중국에서도 남방에서 불어오는 유독가스가 질병을 일으킨다고 생각해 남쪽에 있는 습지에 범죄자를 추방하고 유배시키기도 했다.

19세기 중반까지 이어진 미아즈마 이론은 현대 과학의 관점에서 보았을 때 터무니없지만은 않다. 더러운 공기가 어디서 오는지, 무엇으로 이루어졌는지는 정확히 몰랐지만, 건조한 곳보다 습한 곳에서 세균이 잘 자라기 때문에 습지의 공기에 세균이 떠다닐 가능성이 더 높다는 것을 알았던 셈이다.

간호 개혁의 선구자 플로렌스 나이팅게일은 대표적인 미아즈마 지지자였다. 나이팅게일은 "많은 시인과 역사가가 말했던 미아즈마는 악성 전염병의 원인이다. 그러므로 환자가 바깥의 깨끗하고 신선한 공기를 들이마시도록 해야 한다"고 말했다. 영국 사람들이 미아즈마 이론을 믿은 데에는 런던을 뒤덮는 뿌연 안개가 한몫했다. 1850년대 런던에서 콜레라가 유행할 당시 '미아즈마 이론' 지지자들은 콜레라가 공기로 전파된다고 믿었으며 특히 템스 강 근처에 뿌옇게 낀 연무가 그 원인이라고 생각했다. 그러나 스노우가 "공공 수도 펌프로 콜레라균이 퍼져 많은 주민이 사망했다"는 사실을 발표하면서 미아즈마 이론은 심각한 도전을 받는다.

문제는 세균

1855년 프랑스의 한 음료 회사는 포도주를 발효시키는 과정에서 포도주가 자꾸 상하자 파스퇴르에게 그 원인을 밝혀달라고 했다. 박테리아가 증식해 포도주가 상한다는 것을 알아낸 파스퇴르는 박테리아가 어떻게 생겨났는지 궁금해졌다. 그는 플라스크에 고기 수프를 넣고 플라스크의 목 부분을 가열하여 백조의 목처럼 S자로 구부렸다. 그 다음으로 플라스크 안의 고기 수프를 끓였는데 수프가 끓을 때 나온 수증기가 플라스크의 구부러진 목 부분에 고였고, 2주 동안 그 상태 그대로 두었는데도 수프가 상하지 않았다. 플라스크의 목 부분에 고인 수증기가 바깥 공기와 수프 사이에 벽처럼 놓인 셈이어서 공기 중의 박테리아가 수프로 들어가는 것을 막았기 때문이다. 이를 파스퇴르의 '백조 목 플라스크 실험'이라 한다.

파스퇴르는 박테리아가 공기나 환경에서 유래한다는 사실을 밝혀 '모든 생물은 자연적으로 생긴다'는 자연 발생설을 잠재웠다. 프랑스 정부는 파스퇴르에게 양잠업을 위협하던 누엣병을 조사해달라고 했다. 파스퇴르는 누엣병의 원인이 세균임을 밝혔고, 감염된 누에를 없애고 건강한 누에만 생산하는 방법을 고안해냈다. 식품의 발효와 부패, 곤충의 질병과 관련된 연구를 하면서 파스퇴르는 세균이 질병을 일으킨다고 주장했다.

1876년 독일 미생물학자 로베르트 코흐Robert Koch는 탄저병에 걸린 동물에서 탄저병 병원균을 따로 분리하는 데 처음으로 성공했고, 콜레라와 결핵을 일으키는 병원균을 잇달아 밝혀냈다. 이로써 인류가 오랫동안 믿어온 미아즈마 이론은 끝이 나고 세균론이 확립되었다.

세균론이 정착되자 소독제가 개발되고, 상하수도 살균 및 처리 기술이 발달해 전염병이 줄었고 사망률도 눈에 띄게 줄었다. 또한 광견병, 장티푸스, 콜레라, 페스트, 파상풍과 같은 질병을 예방할 수 있는 백신이 차례차례 개발되었다. 반면 세균에 감염된 상처를 치료하는 항생제 개발은 늦어졌다. 19세기 중엽부터 1914년 제1차 세계대전이 일어나기 전까지 전 세계적으로 대규모 전쟁이 없었던 탓이다. 제1차 세계대전 때에는 총탄이나 포탄에 맞아 죽는 병사보다 상처가 세균에 감염되어 패혈증으로 죽는 병사가 더 많았기에 항생제 발견에 힘을 쏟을 수밖에 없었다.

전쟁터에서 수많은 생명을 구한 항생제

전쟁은 항생제 발견의 결정적 계기가 되었다. 야전병원에 있던 독일의 병리 세균학자 게르하르트 도마크Gerhard Domagk는 부상병을 치료할 수 있는 항생물질이 없음을 절감했다. 도마크는 전쟁이 끝나고 독일 제약 회사 바이엘 연구소에 근무하면서 항생물질 개발에 몰두했다. 그 무렵 과학자들은 박테리아의 존재를 확인하는 방법으로 몇 가지 염색법을 쓰곤 했다. 도마크는 박테리아 세포벽에 잘 붙는 염료일수록 균을 잘 죽인다는 가설을 세우고, 다양한 염료 화학물질을 합성한 끝에 프론토실prontosil이 연쇄상구균 박테리아를 죽이는 데 효과가 가장 뛰어나다는 것을 알아냈다. 연쇄상구균 박테리아란 지름이 1마이크로미터 정도의 공 모양 세균이 사슬 모양으로 연결된 균류다.

1935년 어느 날 도마크의 6살 난 딸이 바늘에 찔린 뒤 열이 나고 팔이 부어올랐다. 도마크는 딸을 당장 병원에 데리고 갔고 딸의 상태가 나빠지자 의사는 팔을 잘라내자고 했다. 그렇지만 도마크는 도저히 받아들일 수 없었다. 그는 대신 딸에게 프론토실을 여러 차례 먹이면서 경과를 지켜보았고, 딸은 커다란 부작용 없이 회복되었다. 딸은 연쇄상구균에 감염되었던 것이다. 도마크는 프론토실이 감염된 상처를 치료하는 데 효과가 뛰어나다는 사실을 학술지에 발표했고, 바이엘에 프론토실을 만들어 판매하자고 제안했다. 하지만 바이엘은 프론토실 임상 결과를 회의적으로 보았다. 동물에는 항균 효과가 있었지만, 시험관에 박테리아를 배양한 뒤 프론토실을 넣었는데도 세균이 죽지 않았기 때문이다.

프론토실 성분 자체는 세균을 죽이지 못하지만, 인체에서 설파닐아미드sulfanilamide로 분해되어 세균을 죽인다는 사실이 곧이어 밝혀졌다. 이후 설파닐아미드와 구조가 유사한 여러 설파계 항생제가 개발되었다.

설파계 항생제는 제2차 세계대전에서 놀라운 공을 세운다. 당시 미군은 배낭에 1차 구급약으로 설파계 항생제 가루와 알약을 항상 가지고 다녔다. 영화 〈라이언 일병 구하기〉에서 웨이드 상병이 독일 진지를 공격하다가 기관총에 맞아 복부 부상을 당하는데, 이때 동료들이 상처 부위에 계속 뿌리는 흰 가루약이 바로 설파계 항생제다. 설파계 항생제 덕분에 제2차 세계대전 중 상처 부위가 감염되어 사망한 비율은 제1차 세계대전보다 절반으로 줄었다.

설파계 항생제는 페니실린 같은 차세대 항생제로 서서히 대체된다. 설파계 항생제를 사용한 사람들 가운데 약 3%가 알레르기, 신장 손상 등과 같은 부작용을 경험했기 때문이다.

곰팡이에서 약으로, 플레밍의 페니실린 발견

역사적으로 위대한 발견은 과학자의 번뜩이는 통찰력 외에도 여러 조건이 우연히 맞아 떨어져 이루어지기도 한다. 영국 외과 의사 알렉산더 플레밍Alexander Fleming은 제1차 세계대전 당시 패혈증으로 죽는 부상자를 치료할 방법이 없다는 사실을 늘 안타까워했다.

여름휴가를 마치고 실험실로 돌아온 플레밍은 박테리아 포도상구균 균주를 키우던 페트리 접시에 날아든 곰팡이를 보았다. 플레밍이 깜박하고 페트리 접시 뚜껑을 덮지 않아 생긴 일이었다. 푸른곰팡이는 아래층 실험실에서 공기를 타고 왔으리라 짐작되는 희귀한 균주였다. 그해 런던 날씨가 예외적으로 서늘해서 푸른곰팡이가 잘 자랐던 것이다. 플레밍은 푸른곰팡이가 떨어진 곳에는 박테리아 균주가 살지 못한다는 것을 알아냈다. 곧이어 플레밍은 푸른곰팡이를 배양하고 추출물을 만들어 실험한 결과 푸른곰팡이가 질병을 일으키는 여러 박테리아를 죽인다는 사실을 발견했다. 그는 푸른곰팡이가 페니실리움penicillium 속屬이라는 것에 착안해 푸른곰팡이를 '페니실린'이라고 불렀다.

플레밍은 1929년 〈영국실험병리학회지BJEP〉에 연구 결과를 발표했지만 크게 주목받지 못했다. 그러나 플레밍의 발견은 10여 년 뒤 제2차 세계대전에서 빛을 발한다. 생화학자 언스트 체인Ernst Chain과 병리학자 하워드 플로리Howard Florey는 푸른곰팡이에서 페니실린을 분리하고 정제한 뒤 실험한 결과 푸른곰팡이가 인체에 크게 해가 없음을 밝혔다. **이들은 페니실린을 대량으로 생산하기 위해 1941년 옥스퍼드 실험실을 공장으로 만들었지만, 부상자를 치료하는 데 필요한 양을 확보하기에는 역부족이었다.** 그들은 미국으로 건너가 제약 회사 머크와 곰팡이 배양법 공정을 협의해 페니실린을 생산했고, 1944년 노르망디 상륙작전 무렵에는 230만 명을 치료할 수 있는 양을 확보했다.

'기적의 약'이라고 불린 페니실린은 다양한 박테리아 감염에 효과가 뛰어났지만 결핵균에는 효과가 없었다. 19세기 유럽에서는 10만 명당 900명이 결핵으로 사망했다. 다행히 1882년 코흐가 결핵균을 발견한 뒤 20세기 들어 BCG 백신이 개발되고, 소독과 위생 환경이 좋아져 결핵 환자는 눈에 띄게 줄었지만 결핵균을 죽이는 항생제는 없었다.

1944년 미국 생화학자 셀먼 왁스먼Selman Waksman은 토양에서 분리한 미생물인 방선균actinomyces이 결핵균을 죽이는 것을 확인하고 방선균에서 항생제 스트렙토마이신streptomycin을 분리해내는 데 성공했다. 결핵 환자를 치료하는 데 스트렙토마이신이 쓰였지만 얼마 지나지 않아 이 약에 내성이 생겼음이 밝혀졌다. 1952년에 최초의 먹는 결핵 치료제 이소니아지드가 나온 뒤, 결핵균을 죽일 수 있는 최적의 방법을 연구한 끝에 스트렙토마이신과 이소니아지드를 함께 쓰는 치료법이 개발되었다. 그 뒤 전 세계에 이 두 약을 함께 쓰는 치료법이 보급되어 폐결핵 환자가 크게 줄었다.

한국은 1990년대에 결핵이 거의 사라졌다가 최근 결핵 환자가 다시 늘고 있다. **경제협력개발기구(OECD, 이하 OECD) 회원국 가운데 결핵 발생률이 최고 수준이다.** 2015년 산후조리원에서 일하던 간호조무사가 결핵에 걸려 신생아에게 결핵균을 옮긴 적이 있었다. 결핵은 사라진 질병이라는 인식 때문에 예방접종이나 검진이 제대로 이루어지지 않을뿐더러 면역력이 약한 어린이와 노약자가 생활하는 단체 시설을 제대로 관리하지 않은 탓이다. 결핵을 막기 위해서는 신생아에게 반드시 BCG 접종을 해야 하고 개인위생을 관리하여 호흡기로 전염되는 것을 막아야 한다.

웬만해선 죽지 않는 슈퍼박테리아

1945년 플레밍은 노벨상 시상식에서 "페니실린을 남용하면 박테리아에 내성이 생길 것이다"라고 말했다. 실제로 지난 70여 년 동안 새로운 항생제가 꾸준히 나왔지만, 새로운 항생제가 오랫동안 광범위하게 사용되면 세균을 죽이는 효과가 사라진다. 새로운 항생제에 내성이 생겨, 생존하도록 진화되는 박테리아와 새로운 항생제 사이의 주기적인 싸움이 반복되기 때문이다. 유럽과 미국을 통틀어 해마다 5만 명에 가까운 사람이 항생제에 내성을 갖는 박테리아에 감염되어 죽는다.

2016년 미국 네바다 주에 사는 한 여성이 26개 항생제 모두에 죽지 않은 슈퍼박테리아에 감염되어 사망했다. 여러 항생제에 맞서는 슈퍼박테리아가 최초로 출현한 것이다. 2017년 2월 세계보건기구는 "12종의 슈퍼박테리아가 출현한 것은 인류 건강에 던져진 시한폭탄과 같은 것"이라며 경고했다. 또한 새로운 항생제를 개발하기 위해서는 정부와 제약 회사가 적극 나서야 한다고 촉구했다.

지난 25년간 새로운 계열의 항생제는 거의 개발되지 않았다. 새로운 약을 개발하려면 시간이 걸리기도 하지만, 경제적 보상이 크지 않다는 이유로 제약 회사가 주저하는 이유도 있다. 이미 인류는 슈퍼박테리아와의 전쟁에서 수십 년 뒤처졌을지도 모른다. 어떤 과학자는 슈퍼박테리아에 대비하지 않으면 2050년에는 전 세계에서 1000만 명 이상이 감염으로 사망할 것이라고 예측하기도 한다.

새로운 항생제가 나오면 슈퍼박테리아의 위협에서 벗어날 수 있을까? 항생제 남용은 슈퍼박테리아 문제 해결을 더 어렵게 만들고 있다. 2005년 〈란셋〉은 "항생제 소비가 많은 유럽 국가일수록 항생제 내성균 감염 확률이 매우 높다"고 보고했다.

2015년 복지부 발표에 따르면 국내 항생제 소비 수준은 OECD 국가 가운데 최고 수준이다. 감기나 독감에 걸려 병원에 가면 흔히 항생제를 처방한다. 아이들에게도 마찬가지다. 미국 질병관리본부 자료에 따르면 항생제를 많이 사용하지 않는 미국에서도 3분의 2가 넘는 환자가 항생제를 불필요하게 처방받았다. 기침, 콧물, 목이 아픈 감기나 독감은 바이러스가 주요한 원인이기 때문에 합병증이 생기는 경우가 아니면 항생제는 필요하지 않다.

항생제는 세균 감염을 치료하기 위한 약이지 감기나 독감 바이러스를 낫게 하는 약이 아니다. 병원은 불필요한 항생제 처방을 줄이고, 정부는 항생제 사용 현황을 정확히 파악해 항생제 사용을 줄이기 위한 대책을 세워 내성균이 나타날 위험을 줄여야 한다. 또한 매년 독감 백신을 맞고 손을 자주 씻으며 마스크를 써 독감을 예방하는 것도 불필요한 항생제 사용을 줄이는 방법이다.

아스피린, 흥망성쇠의 역사

인류는 진통제를 언제부터 먹기 시작했을까? 고대 이집트 의학서《에베르스 파피루스Ebers papyrus》에는 버드나무 잎을 끓여 먹으면 통증이 사라진다는 기록이 있다. 히포크라테스도 버드나무 껍질은 열병을 앓을 때와 분만할 때 모두 통증을 줄여주는 효과가 있다고 했다. 1763년 영국 성직자 에드워드 스톤Edward Stone은 버드나무 껍질을 오븐에 넣어 3개월 동안 건조한 뒤 빻아서 50명에게 먹였는데, 열을 낮추고 염증을 없애는 효과가 있었다고 말했다. 이렇게 수천 년간 진통제로 쓰인 버드나무 껍질의 성분은 19세기가 되어서야 밝혀졌다. 1828년 요한 뷔히너Johann Büchner는 버드나무에서 살리실산salicylic acid을 분리하여 구조를 알아내는 데 성공했다.

19세기 중엽에 화학의 새로운 역사가 시작된다. 전에는 약초에서 필요한 성분을 추출하고 분리하는 데 많은 시간과 비용이 들었는데, 이제는 실험실에서 훨씬 간편하게 합성할 수 있게 된 것이다. 이로써 화학물질을 대량으로 생산할 수 있는 기반이 갖춰져 제약 산업과 화학 산업에 일대 혁명이 일어난다. 1859년에는 독일 화학자 헤르만 콜베Hermann Kolbe가 실험실에서 살리실산을 합성하는 방법을 개발해 살리실산이 대량생산되어 치료제로 널리 쓰였다. **그러나 살리실산은 떫은 맛이 날뿐더러 위를 자극하기 때문에 버터를 먹어 속을 부드럽게 만든 다음 먹어야 했고, 오랜 기간 복용하기 어려웠다.**

전 세계에서 가장 유명한 약이 되다

1897년 화학자 펠릭스 호프만Felix Hoffmann은 바이엘의 연구원으로 일했다. 그는 관절염을 앓아 살리실산을 먹다가 부작용으로 고통 받는 아버지를 보고 자극성이 적은 대체 물질을 개발하는 데 몰두했다. 호프만은 살리실산 화학구조에 아세틸기acetyl group를 쉽게 결합하는 방법을 찾아냈다. 상관인 아르투르 아이헨그륀Arthur Eichengrün이 약리 팀장에게 합성한 약을 보내 그 효과를 증명해달라고 했지만 거부당했다. 좌절한 아이헨그륀은 약을 바이엘 베를린 지점으로 가져가 관절염 환자를 대상으로 임상 시험을 했는데 관절염 치료에 아주 우수한 효과를 보였다. 1899년에 바이엘은 이 약에 '아스피린'이라는 이름을 붙이고 특허를 받았다.

최초의 아스피린은 가루약 형태였다. 약사는 의사 처방전에 따라 아스피린을 유리병에 담아 조제했다. 그러나 전 세계 곳곳에서 아스피린이 불법 생산되자 바이엘은 1915년부터 가루약을 알약으로 바꾸고 처방전 없이 구입할 수 있게 했다. 그리고 바이엘에서 나오는 아스피린만 정품이라는 사실을 알리기 위해 알약 위에 'Bayer' 글자를 십자 모양으로 새겼다. 1917년 아스피린 특허가 풀리자 여러 제약 회사가 아스피린 복제약을 만들어 팔기 시작했고 아스피린과 바이엘은 단번에 유명해졌다.

〈파이낸셜 타임스Financial Times〉는 아스피린이 성공한 이유를 이렇게 분석했다. "제1차 세계대전 뒤 승전국의 제약 회사들은 패전국인 독일 회사 바이엘과 아스피린 상표를 복제약에 마음대로 썼다. 바이엘은 아스피린 상표와 알약에 새겨진 로고를 돌려받는 데 오랜 시간이 걸렸고 비용도 많이 들었다. 1994년에 바이엘은 미국과의 거래를

실험실에서 만들어진 최초의 진통제 아스피린
19세기 후반에 진통제로 만들어져 현재는 심혈관 치료제로 널리 쓰이는 아스피린.
아스피린을 개발한 제약 회사 바이엘은 처음에는 가루약 아스피린을 의사 처방전에 따라 약사가 유리병에 담아 조제하도록 했다. 그러나 전 세계적으로 아스피린이 불법 생산되자 1915년부터 알약으로 바꾸고 처방전 없이도 구입할 수 있게 했다.

마지막으로 상표와 로고를 완전히 되찾았다. 그 과정에서 전 세계 사람들의 머릿속에 '바이엘=아스피린'이라는 인식이 심어져 아스피린은 복제약과는 비교할 수 없을 정도로 많이 팔렸다." 제약 회사가 신약을 개발하면 특허 기간 동안에는 엄청난 매출을 올리지만 특허가 끝나면 쏟아져 나오는 복제약 때문에 오리지널 약의 매출은 줄어든다. 다국적 제약 회사의 꿈은 아스피린같이 오랫동안 사람들 입에 오르내리는 약을 개발하는 것이다.

아이헨그륀은 아스피린 개발을 주도한 사람은 자신이라고 주장했다. 호프만에게 아스피린 합성 프로젝트를 지시하고, 스스로 복용해 효과를 관찰했으며, 임상 시험을 기획해 아스피린의 효능도 확인했다는 것이다. **'아스피린'이라는 이름도 자신이 지었는데, 나치 정권이 출범한 1934년 이후 유대인이라는 이유로 자신의 모든 업적이 바이엘의 공식 문서에서 지워졌다고 억울함을 토로했다.** 2000년 〈영국의학저널〉이 자료를 면밀히 검토한 결과 아이헨그륀의 주장은 상당 부분 사실임이 밝혀졌다. 그러나 바이엘은 아스피린은 호프만이 개발했고, 아스피린과 관련한 입장을 바꿀 생각이 없다고 공식 발표했다.

경쟁자 타이레놀의 등장과 아스피린의 몰락

아스피린 열풍은 20세기 중반을 지나면서 서서히 식어갔다. 1953년에 맥닐연구소가 새로 개발한 타이레놀이 아스피린의 경쟁자로 등장한 것이다. 맥닐연구소는 "아스피린은 위를 자극해 위출혈을 일으킬 수 있으니 효능은 같지만 안전한 타이레놀을 권장"하는 내용의 학술 심포지엄을 열었고 의사와 약사를 대상으로 타이레놀을 집중 홍보했다. **1959년 맥닐연구소를 인수한 제약 회사 존슨앤존슨은 아스피린의 단점과 부작용을 부각시키는 전략을 계속 펴나갔고, 결과는 대성공이었다.** 타이레놀에 이어 해열진통제 애드빌(성분명은 이부프로펜)이 개발되었고 1980년대부터 애드빌을 약국에서 팔자, 아스피린을 찾는 사람은 더욱 줄었다.

아스피린 매출 감소에 결정타가 된 것은 아스피린이 라이증후군Reye syndrome의 원인일지 모른다는 주장이었다. 라이증후군은 어린이와 20대 미만 청소년에게 주로 나타나는데, 제때 치료받지 못하면 뇌 손상으로 죽기도 한다. 병의 정확한 원인이 무엇인지를 놓고 논란만 있었을 뿐 확실한 근거는 없었는데도 존슨앤존슨은 라이증후군이 치명적 질환이고, 아스피린을 먹으면 라이증후군에 걸릴 위험성이 높다는 주장을 퍼뜨렸다.

1986년 미국 FDA는 아스피린 포장에 "16세 이하 어린이 및 청소년은 수두와 독감 같은 증세가 있을 때 의사와 상담 없이 아스피린을 먹지 말 것"이라는 경고문을 붙이도록 했다. 또한 2003년에는 "아스피린을 먹었을 때 구역질, 구토, 열이 나면 라이증후군 초기 증상일 수 있으므로 의사의 상담을 받고 약을 먹지 말 것"이라는 문구를 덧붙이게 했다. 존슨앤존슨의 공격적인 마케팅 전략이 통한 셈이다. 라이증후군이 아스피린과 관계있다고 믿는 사람들이 점점 많아졌으니 말이다.

한편 미국에서 라이증후군 환자는 점차 줄어 1994~97년에 매년

2명의 환자만 나왔을 뿐이다. 라이증후군 환자가 급격히 준 이유를 두고 서로 다른 주장이 있다. 아스피린에 경고문을 붙인 뒤, 어린이 아스피린 복용이 줄었기 때문이라는 주장과 질병을 진단하는 기술이 발달하면서 과거에 라이증후군과 비슷한 증상이 대사 증후군이나 유전 질환으로 분류되기 때문이라는 주장이 그것이다. 아스피린이 과연 라이증후군에 치명적인지는 아직 밝혀지지 않았다.

영원한 몰락은 없다

사람들은 아스피린이 우리 몸에서 어떻게 작용하는지 그 원리를 모른 채 오랫동안 써왔다. 1971년에 존 베인John Vane은 아스피린이 작용하는 원리를 밝혀내 후에 노벨 생리의학상을 받았다.

우리 몸에는 염증과 발열, 통증을 일으키는 콕스COX 효소가 있는데, 아스피린은 이 콕스 효소를 억제한다. 또한 콕스 효소에는 염증과 통증에 관여하는 콕스1 효소 외에 혈액을 응집시키는 콕스 2 효소가 있는데, 아스피린을 먹으면 두 기능이 모두 억제되기 때문에 위장 장애와 출혈 부작용이 나타나는 것이다. 이에 제약 회사 머크는 염증이나 통증과 관련된 효소만 선택적으로 억제하는 약인 바이옥스를 출시했다.

한 해 25억 달러(약 3조 원) 수입을 올린 블록버스터 급의 약 바이옥스는 2004년 10월 심장마비를 일으킬 위험이 불거져 판매가 금지되었다. 미국에서는 대규모 피해 보상 소송이 벌어져 머크는 심장마비로 죽은 2878명을 대상으로 지급한 배상금을 포함해 총 5조 8000억 가량의 배상금을 물었다. 국내에서도 바이옥스 판매는 금지되었다. **하지만 처방받은 환자들을 대상으로 심장마비를 일으키는 부작용을 경험한 적이 있었는지, 그 약이 건강에 얼마나 큰 영향을 미쳤는지 조사한 일도 없었고 이슈화되지도 않았다.** 또한 외국에서 새로 개발된 약의 국내 판매를 허가할 때 행하는 안전성 평가 제도에 문제점은 없는지 검토도 이루어지지 않았다. 미국과 달리 한국에서는 피해자 보상이나 벌금 문제가 논란 없이 넘어갔다.

1978년 캐나다의 한 연구팀은 "뇌졸중 환자가 아스피린을 먹으면 재발할 위험이 31% 줄어들고 관상동맥 질환으로 인한 뇌졸중이 감소된다"는 결과를 발표했다. 1990년에는 협심증 환자에게 아스피린을 먹이면 심장마비 위험이 50%로 줄어든다는 연구 결과도 나왔다. 아스피린이 혈관을 막는 혈전이 생기지 않게 하여 심혈관 질환을 예방한다는 연구 결과를 토대로 미국 FDA는 심근경색이나 협심증을 예방하는 데 적은 양의 아스피린을 처방할 수 있도록 했다. **출혈 부작용과 라이증후군으로 잠시 주춤했던 아스피린은 새로운 효능이 밝혀지면서 다시 귀환한다.**

현재 아스피린이 심혈관 질환 위험이 없는 중·장년층에도 심혈관 질환을 예방해주는 효과가 있는지 밝히려는 대규모 임상 시험이 진행 중이다. 또한 아스피린이 대장암 발생을 감소시키는 것과 관련 있는지를 알아보기 위한 임상 시험이 미국과 일본에서 시행되고 있다. 새롭게 밝혀진 효능을 발판으로 재도약한 아스피린의 전 세계 생산량은 약 4만 톤이며 미국에서만 약 5000만 명이 심혈관 질환을 예방하기 위해서 아스피린을 먹는다.

무엇을 믿을 수 있는가

미국에서는 해마다 타이레놀 과다 복용으로 인한 간 손상으로 56만 명이 응급실에 실려 가며, 그중 약 500명이 죽음에 이른다. **특히 간염이 있거나 술을 마신 사람이 타이레놀을 먹으면 간 손상 위험성이 더욱 크다.** 타이레놀이 간에 좋지 않다는 것은 1980년대에 이미 밝혀졌지만, 존슨앤존슨은 타이레놀 포장에 "술과 같이 복용하면 간 손상 위험이 있다"는 글에 이어 "권장량을 넘지 마시오"라는 애매한 문구를 넣었다. 〈포브스Forbes〉는 "존슨앤존슨은 타이레놀 포장에 간 부작용 사례를 표시해놓으면 소비자가 혼동할 수 있으며, 사망 위험을 표시해놓으면 자살률이 늘어난다는 말도 안 되는 이유를 댄다. 차기 최고 경영자는 타이레놀에 해골이 들어간 위험 표시를 하거나 아니면 사망자에게 많은 보상을 해야 할 것이다"라며 존슨앤존슨의 전략을 강하게 비판했다.

실제로 존슨앤존슨은 타이레놀 부작용을 소비자에게 정확히 알리지 않은 대가로 사망자 가족에게 높은 액수의 피해 보상금을 지불해왔다. 그러나 매출은 피해 보상금과는 비교할 수 없을 정도로 어마어마하다. 미국 FDA는 2009년에 와서야 타이레놀 포장에 "과다 복용하면 간 손상 위험이 있다"는 점을 표기하도록 했다.

약국에서 살 수 있는 여러 해열진통제 가운데 무엇을 고르는 것이 좋을까? 현재 미국에서는 아스피린과 타이레놀 간의 치열한 폭로 공방으로 제3자인 애드빌이 혜택을 보고 있다. 그러나 애드빌도 위에 자극적이며 위출혈 부작용이 있다. 또한 애드빌은 동물실험에서는 태아에게 이상이 나타났으나 사람을 대상으로는 안전성 여부가 명확히 밝혀지지 않은 C등급 약품으로, 임산부는 특히 사용에 주의해야 한다.

한국의약품안전관리원에서 효능별 의약품 부작용 보고 사례를 분석한 결과, 해열진통제가 14%로 1위다. 약은 고통을 주고 생명을 위협하는 질병으로부터 인류를 해방시켰다. 하지만 약을 먹을 때는 항

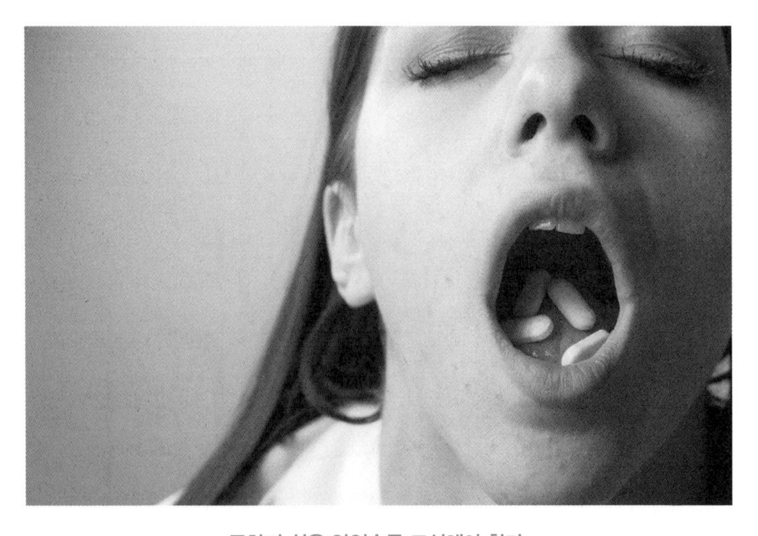

구하기 쉬운 약일수록 조심해야 한다

아스피린, 타이레놀, 애드빌 등과 같은 해열진통제는 약국이나 편의점에서 쉽게 구할 수 있다. 하지만 임산부나 간 질환, 소화불량, 심혈관 질환 등이 있는 사람은 약을 먹기 전에 반드시 전문가 조언을 받아야 한다. 또한 빠른 시간 안에 열을 내리고 통증을 없애기 위해 먹는 양을 늘리면 그만큼 부작용의 위험성이 높아질 수 있음을 기억해야 한다.

상 위험이 따른다. 해열진통제 모두 긍정적인 효과와 부작용을 모두 갖고 있기 때문에 어떤 약이 제일 좋다고 권하기는 어렵다. 다만 임산부나 간 질환, 소화불량, 심혈관 질환 등이 있는 사람은 약을 먹기 전에 반드시 전문가 조언을 받아야 한다. **또한 빠른 시간 안에 열을 내리고 통증을 없애기 위해 먹는 양을 늘리면 그만큼 부작용의 위험성이 높아질 수 있음을 기억해야 한다.**

아스피린, 스페인 독감을 현재로 불러오다

인류를 공포에 떨게 만든 세계적인 전염병으로 14세기 2억 명이 사망한 흑사병, 16세기 초 5500만 명이 사망한 천연두, 20세기 초 5000만 명이 사망한 스페인 독감이 있다. 그중 스페인 독감은 1918~19년 유럽, 북미, 아시아 대륙으로 퍼져나가 전 세계 5억 명가량을 전염시켰고, 사모아 섬에서는 두 달 사이에 인구의 22%인 3만 8000명이 이 전염병으로 사망했다. 스페인 독감의 원인은 20세기 말이 되어서야 드러났는데, 미국 연구팀이 에스키모 여성의 한 냉동 사체의 폐 조직에서 바이러스를 분리, 그것이 '인플루엔자 바이러스'임을 밝혀냈다.

제1차 세계대전이 끝날 무렵 독일, 영국, 프랑스 등 전쟁 당사국에서는 언론 검열이 심해 사람들은 독감이 유행한다는 사실을 알지 못했다. 중립국이던 스페인의 한 유력 일간지가 1918년 3월 "이상한 질병이 퍼지고 있는데, 아직 마드리드에는 사망자가 없다"는 기사를 처음으로 내보냈고, 계속해서 독감 관련 소식을 보도했다. 이로 인해 스페인 독감은 스페인에서 시작됐다는 오명을 뒤집어쓰게 된다.

스페인 독감은 20세기 인류 최대의 재앙이었다. 1919년 노르웨이 화가 에드바르 뭉크는 스페인 독감에 걸렸지만 가까스로 살아남았다. 그는 〈스페인 독감 후의 자화상〉이라는 그림에서 의자에 앉아 입을 벌린 채 밖을 처다보며 절망에 빠진 지신의 모습을 표현했다. 많은 사람을 죽음으로 내몬 스페인 독감은 역사상 그리 주목받지 못해 잊힌 유행병이라 불린다. 역사가들은 1920년대에 어니스트 헤밍웨이나 스콧 피츠제럴드 같은 위대한 작가가 많았음에도 스페인 독감을 소재로 한 작품이 없다는 사실을 의아하게 여긴다. 제1차 세계대전으로 절망과 허무에 빠진 '잃어버린 세대' 작가들이 또 다른 비극인 스페인 독감에 마음을 돌릴 여유가 없었던 걸까?

당시 선진국에서는 마스크 착용을 의무화했지만, 대부분 거즈 등으로 만들어져 현재의 마스크와는 비교할 수 없을 정도로 바이러스 차단률이 낮았다. 또한 전쟁 중인 유럽에서는 격리 조치가 현실적으로

뭉크의 〈스페인 독감 후의 자화상〉

스페인 독감에 걸렸다가 가까스로 살아남은 화가 뭉크는 의자에 앉아 입을 벌린 채 밖을 쳐다보며 절망에 빠진 자신의 모습을 그림으로 남겼다. 역사상 가장 치명적인 인플루엔자 바이러스였던 스페인 독감은 잊힌 유행병이었지만 아스피린이 스페인 독감 환자의 사망률을 높였다는 연구 결과가 발표되면서 다시 주목받았다.

불가능했다. 미국은 대도시 중심으로 학교가 폐쇄되고 모임이 금지되는 등 사회적 격리 조치를 시행했지만, 사회적 격리가 잘 된 도시와 느슨한 도시 간의 사망률 차이가 컸다. 스페인 독감은 '사회적 거리두기 social distancing'의 중요성을 알려주는 역사적 사례다.

100년이 지난 2009년, 스페인 독감은 아스피린 덕분에 세간의 주목을 받는다. 미국 템플대학교 카렌 스타코Karen Starko 박사는 아스피린이 스페인 독감에 걸린 많은 사람을 죽게 했다는 연구 결과를 발표했다. 스타코는 스페인 독감 사망률이 가장 높았던 1918년 10월 무렵에 한 미국 의사가 "아스피린을 많이 먹으면 독감 치료에 효과가 있다"고 발표한 점을 주목했다. 이 시점은 아스피린 특허가 끝나 아스피린의 전 세계 생산량 및 사용량이 급격히 늘어난 때와도 일치한다.

스페인 독감은 여러 면에서 일반 독감과 다르다. 일반 독감은 65세 이상 기저질환을 갖고 있는 사람들의 사망률이 높지만, 스페인 독감은 25~35세 젊은이들의 사망률이 매우 높았다. 또한 아침에는 별다른 이상 없이 멀쩡했던 사람이 저녁에 갑자기 사망한 경우가 많았다. 스페인 독감에 걸린 사람들의 코와 위 점막에 출혈 흔적이 있고 폐에 출혈과 부종이 보였는데, 이런 증상이 아스피린 출혈 부작용과 유사하여 많은 사람이 그 관련성을 의심하기도 했다. 치사율이 0.1%인 일반 독감과 비교해보면 스페인 독감 치사율은 20%로 일반 독감의 200배나 된다. 스페인 독감 환자가 염증을 없애는 아스피린을 먹어, 바이러스에 대한 면역력이 약해져 폐렴이 급격히 악화되어 사망했을 수도 있다는 의심이 가는 대목이다.

말라리아와의 끝없는 전쟁

2015년 10월 스웨덴 왕립과학원은 중국 투유유 교수에게 전화를 걸어 노벨 생리의학상을 받게 됐다는 소식을 전했다. 투유유는 "드디어 말라리아 치료제인 아르테미시닌artemisinin이 국제적으로 인정을 받아 너무 행복하다. 중국인들도 오랫동안 노벨상을 기다려왔는데 정말 영광이다"라고 소감을 밝혔다.

노벨 생리의학상은 매년 10월 첫째 주 월요일에 발표된다. 수상 위원회는 발표 당일 9시 30분 심사와 투표를 통해 11시 15분 무렵에 수상자를 결정하며 12시가 되면 수상자 명단을 언론에 배포한다. 노벨상에는 언론에 발표하기 전 스웨덴 왕립과학원 상임 비서가 수상자에게 전화로 소식을 알리는 전통이 있는데, 이를 '매직 콜'이라 부른다. 수상자들의 국적과 사는 곳이 다양한 만큼 많은 일화가 있다. 한밤중이나 새벽에 전화를 받는 경우도 많고, 술집이나 치과에서 치료를 받다가 연락을 받은 수상자도 있다. 미국에서는 매년 10월 초가 되면 새벽에 스웨덴에서 올지 모르는 전화를 기다리느라 잠을 못 이루는 교수들이 있을 정도다. 한국에서 노벨상 수상자가 나오면 저녁 7시 무렵 연락받게 될 것이다.

중국 언론에서는 투유유의 노벨상 수상 소식을 다소 차분하게 다룬 반면 대부분 한국 언론에서는 이를 대서특필했다. 역대 노벨 생리의학상에서 전통 생약 치료제로 노벨상을 받은 바가 없는데 어떻게 받았는지 의아해하며 중국의 입김이 작용한 것이 아니냐는 의혹을 제기한 기사도 있었다. 하지만 이는 섣부른 판단이다. 노벨 생리의학상 수상 기준은 과학자의 평생 연구 업적이나 영향력이 아니라 '과학 패러다임에서 큰 변화를 가져온, 인류에게 커다란 혜택을 줄 수 있는 발견'이다. 따라서 인류를 괴롭힌 말라리아로부터 수백만 명의 생명을 구한 치료제를 개발한 업적은 충분히 수상할 만한 가치가 있다. 투유유 교수는 2011년 의학 분야에 큰 업적을 이룬 사람에게 주는 래스커 상 Lasker Award을 받았는데, 래스커 상을 받으면 노벨 생리의학상을 받을 확률이 매우 높다.

국내 언론은 '중국에서도 노벨 생리의학상을 받는데, 얼마나 기다려야 한국 과학자가 노벨상을 받을까'에 초점을 맞추었다. 2016년 일본 과학자가 노벨 생리의학상을 받자 정부와 언론의 호들갑은 극에 달했다. 미국 주간지 〈뉴요커New Yorker〉에는 '한국인은 책 읽기를 즐기지도 않고 문학에 별로 관심도 없으면서 노벨 문학상을 받기를 원한다'라는 내용의 기사가 실렸다. 그러면 노벨 과학상은 어떨까?

연구 개발에 투자하는 한국 정부 예산은 약 20조로 국내총생산 대비 4.29%며 세계 1위다. 하지만 과학계의 기본 토양이 미국이나 일본처럼 마련되어 있지 못하다. 과학계의 목표가 단지 노벨상을 받는 것, 그 자체가 될 수는 없다. 마음껏 연구할 수 있는 토양과 경쟁력이 갖춰지면 자연적으로 따르는 것이 노벨상이다. 정부나 과학계는 조급증을 버리고 '가장 단순하며 중요한 것으로 되돌아가야back to basics' 한다.

말라리아 치료제 독점을 위한 쟁탈전

세계보건기구에 따르면 2015년 전 세계 말라리아 환자는 약 2억 명으로 그중 43만 명가량이 사망했다. 어린이와 임산부, 말라리아가 없는 지역에서 온 여행자들은 말라리아에 면역이 거의 없기 때문에 병에 걸리기가 쉽고 사망률도 높다. 또한 의료 시스템이 갖춰지지 않은 지역에 사는 사람들은 말라리아로 사망할 위험성이 매우 높다. 이런 이유로 아프리카 사하라 사막 남쪽 지역에 사는 5세 미만 어린이가 전 세계 사망자의 90%를 차지한다.

인류는 말라리아를 극복하기 위해 눈물겨운 투쟁을 벌였다. 기원전 2700년에 쓰인 고대 중국 의학서에는 말라리아와 비슷한 증상이 나와 있으며, **기원전 2세기 중국에서 말라리아를 치료한 기록이 남아 있다.** 최근 후난에 있는 마왕두이 무덤에서 52가지 질병 치료법을 소개한 책자가 발견되었는데, 개똥쑥artemisia annua을 먹으면 말라리아가 낫는다는 내용이 있었다. 기원전 8세기 이집트 왕의 무덤에서도 말라리아 유전자가 발견되었다. 로마 시대에는 고인 물이 모기가 알을 낳는 최적의 장소라고 생각해 최초로 상하수도 시설을 세우기도 했지만, 치명적인 말라리아를 막을 수는 없었다. 말라리아는 5세기 서로마제국의 멸망을 가져오기도 했다.

17세기 초 스페인의 예수회 선교사들은 페루 인디언들이 약으로 쓰는 키나나무 껍질 키나피cinchona bark가 말라리아를 낫게 한다는 것을 알게 되었다. 17세기 중반 많은 양의 키나피 분말이 스페인으로 들어갔다. 그러나 개신교 지도자들은 키나피 가루를 '예수회 분말'이라며 경멸했고 약의 효능을 믿지 않았다. 한편 영국인 로버트 탤벗Robert Talbot은 자기가 말라리아 치료 약을 만들었다며 선전하고 다녔는데, 신기하게도 그 약이 말라리아를 치료하는 데 효과가 있었다. 찰스 2세와 프랑스 루이 14세도 이 약을 먹고 나았다. 기사 작위를 받은 탤벗은 약을 만든 비법을 아무에게도 공개하지 않았다. 탤벗이 죽은 뒤, 그가 만들었다는 약은 '예수회 분말'로 밝혀졌다. 17세기 말부터 키나피 분말은 말라리아 치료제로 널리 사용되었다. 1820년 프랑스의 젊은 의학도 피에르 펠레티에Pierre Pelletier와 조지프 카방투Joseph Caventou는 키나피 분말에서 말라리아를 치료하는 화합물인 키니네quinine를 분리해냈다.

페루나 볼리비아에서 생산하는 키나피 양으로는 폭발적으로 늘어나는 수요를 감당할 수 없었다. **스페인이 남미에서 생산되는 키나피를 독점하자 네덜란드는 인도네시아의 자바 섬, 영국은 인도를 중심으로 거액을 들여 많은 양의 키나피를 재배했다. 하지만 키니네 함량이 충분한 키나피를 얻는 데 실패했다.** 남미 국가들은 키나피를 독점 생산하기 위해 19세기 초부터 키나피 씨앗 수출을 금지했다. 그런데도 네덜란드는 우수한 씨앗을 밀수해 자바 섬에서 끊임없이 개량했다. 그 결과 1884년에 키나피 수출의 주도권을 남미에게서 빼앗는다. 1930년대에 이르러 네덜란드는 키나피 생산뿐 아니라 키니네 생산을 97% 점유했다.

모기와 전쟁을 시작하다

19세기 후반부터 말라리아의 원인을 알아내기 위한 연구가 시작되었다. 1880년 알제리에서 근무하던 군의관 알퐁스 라브랑Alphonse Lavera은 말라리아로 죽은 환자의 혈액에서 말라리아를 유발하는 원생동물protozoa인 말라리아 원충plasmodium을 발견했다. 라브랑은 눈에 보이지 않는 작은 원생동물이 질병을 일으킬 수 있다는 사실을 최초로 발견해 노벨상을 받는다. 1886년 이탈리아 신경생리학자 카밀로 골지Camillo Golgi는 최소 2가지 말라리아 원충이 말라리아를 일으키고 원충이 인체로 들어가 많은 낭충merozoit으로 성숙되면 혈액으로 방출돼 적혈구가 터져 열이 나는 증상이 나타남을 밝혔다. 1897년 영국인 군의관 로널드 로스Ronald Ross는 라브랑의 이론을 실험을 통해 증명했다. **그는 모기를 부화시켜 말라리아 환자의 방에 넣어 환자를 물게 한 뒤, 그 모기를 해부해 위벽에서 말라리아 원충을 찾아냈다.** 모기가 말라리아를 옮기는 숙주임을 밝힌 로스는 노벨상을 받았다.

로스가 밝혀낸 것은 파나마 운하 완공에 기여했다. 1880년대에 프랑스는 파나마 운하 공사를 시작했지만 말라리아와 황열yellow fever을 앓는 근로자들이 점점 많아지고 공사비가 부족해 중단할 수밖에 없었다. 20세기에 미국이 프랑스에게서 파나마 운하 건설을 넘겨받아 공사를 시작했는데 열대의 습한 지역인 데다가 작업하는 노동자들이 질병에 걸리는 바람에 공사가 전혀 진척되지 않았다.

파나마 공사 현장에 파견된 군의관 윌리엄 고거스William Gorgas는 모기가 말라리아와 황열을 옮긴다는 사실을 듣고 모기 박멸 프로젝트를 기획했다. 그는 "20세기 미국 역사에서 가장 중요한 공사가 당신의 손에 달려 있다"라며 루즈벨트 대통령을 설득해 프로젝트 예산을 지원받았다. 모기 박멸 프로젝트는 매우 성공적으로 진행되었다. 황열은 1년 뒤 거의 사라졌으며 1910년 무렵 말라리아에 감염된 근로자는 1% 수준으로 떨어졌다. 말라리아와의 싸움을 승리로 장식하며 마침내 태평양과 대서양을 연결하는 파나마 운하가 완성되었다.

제2차 세계대전은 인간과 말라리아와의 전쟁이기도 했다. **전쟁이 일어나자마자 일본이 키나피가 주로 생산되는 인도네시아와 필리핀 등을 점령했기에 연합군은 키니네를 공급받을 길이 없었다.** 그 결과 동남아시아와 아프리카에 투입된 미군 6만 명이 말라리아를 제때 치료하지 못해 사망하기도 했다. 미국은 즉각 키니네를 대체할 만한, 말라리아 치료에 효과가 있는 물질을 찾기 위해 약 1만 4000종의 화학물질을 실험했고, 그 중에서 클로로퀸chloroquine이 가장 효과적인 물질임을 알아냈다. 클로로퀸은 키니네보다 효능도 뛰어나고, 치료 효과가 유지되는 기간도 길며, 부작용도 적었다.

모기 잡으려다 사람 잡은 DDT

말라리아 치료제가 발전하는 속도에 발맞춰 모기를 박멸하는 살충제 또한 개발되었다. 대표적인 살충제는 DDT다. 1874년에 독일 대학원생이 논문에서 DDT라는 물질의 존재와 합성법을 처음으로 밝혔고, 1939년 스위스 화학자 파울 뮐러Paul Müller는 DDT가 곤충의 각피角皮를 쉽게 투과하며 신경 기능을 파괴해 살충 효과가 뛰어나다고 발표했다.

DDT는 제2차 세계대전 때 광범위하게 사용되었다. 남태평양 전쟁터에서는 DDT를 공중에서 살포해 말라리아를 옮기는 모기를 없앴다. 유럽에서는 인체에 기생해 발진티푸스를 일으키는 이를 박멸하기 위해 군인과 민간인의 옷에 DDT를 뿌렸다. DDT는 질병을 옮기는 곤충을 제거함으로써 제2차 세계대전 때 수많은 생명을 구했으며, 뮐러는 DDT를 개발한 업적으로 1948년 노벨 생리의학상을 받았다.

살충 효과가 뛰어나고, 효과가 지속되는 시간이 길며, 가격이 싸고, 부작용이 적은 DDT는 전쟁 이후에도 폭발적인 인기를 얻었다. **1955년 세계보건기구는 DDT로 모기를 박멸하는 프로그램을 시작으로 대규모 DDT 캠페인을 벌였다.** 당시 뉴욕 길거리부터 아시아와 아프리카에 이르기까지 남녀노소 가릴 것 없이 머리부터 발끝까지 하얀 DDT 가루를 분칠하듯 뒤집어썼다. 우리나라에서도 6·25 한국전쟁 직후에 몸에 있는 벼룩과 이를 잡기 위해 어린 학생들의 머리와 몸에 DDT 가루를 뿌렸다.

1962년에 해양 생물학자 레이첼 카슨Rachael Carson은 《침묵의

봄Silent Spring》에서 DDT를 무분별하게 사용한 결과 환경에 비극적인 재앙이 초래되었다고 말했다. 또한 현대 산업 문명이 던진 DDT라는 부메랑이 인류를 위협하는 무기로 되돌아왔음을 명심해야 한다고 주장했다. DDT는 쉽게 분해되지 않고 오랫동안 생태계에 남기 때문에 많은 어류를 폐사시킬 수 있으며, 조류의 알을 얇아지게 만들어 독수리 같은 새를 멸종시키는 등 생태계를 파괴하는 해로운 물질이라는 것이다. 실제로 캘리포니아 대머리 독수리는 DDT의 영향으로 멸종 위기에 처해 있다.

또한 카슨은 동물실험을 통해 DDT가 간암을 일으킬 수 있음을 증명했다. 책이 출판되자 DDT가 인류에 기여한 바를 강조하던 살충제 제조 회사와 일부 단체가 카슨의 주장은 신빙성이 없으며, 심지어는 히스테릭하다는 독설을 퍼붓기도 했다. 하지만 일부 과학자와 대중은 카슨을 열렬히 지지했고 이를 계기로 글로벌 환경 운동이 정착되었다. 카슨의 발견으로 DDT는 1972년 미국 내 사용이 전면 금지되었고, 1980년대에는 대부분 국가에서 사라졌다. DDT는 현재 발암물질로 분류되어 있다.

전통 의학에서 힌트를 얻은 말라리아 치료제

1940년대부터 말라리아 치료제로 쓰인 클로로퀸도 심각한 도전에 부닥쳤다. 클로로퀸에 내성을 가진 말라리아 원충이 아프리카와 동남아시아 등지에서 계속 나타났기 때문이다. 새로운 말라리아 치료제가 절실하게 필요했다. 베트남전쟁 중 말라리아에 걸린 많은 베트남 군인이 클로르퀸에 내성이 생겨 죽어가자 호치민 정부는 중국 정부에 새로운 말라리아 치료제를 개발해달라고 했다. **또한 중국 남부에서도 말라리아 사망자가 급격히 늘어 마오쩌둥 정부는 새로운 말라리아 치료제를 개발하기 위한 '523 프로젝트'를 비밀리에 시작했다.**

중국 중의과학원 투유유 교수는 523 프로젝트의 연구 책임자였다. 1969년 투유유는 중국 토종 식물에서 말라리아 치료 가능성이 있는 천연 성분을 추출했다. 그리고 중국 전통 의학서 《주후비급방肘後備急方》에서 "말라리아에 개똥쑥이 효능이 있다"는 내용을 찾아냈다. 특히 "손에 잡힐 정도 분량의 개똥쑥을 2리터의 물에 오랫동안 담갔다가 즙을 짜내 모두 마실 것"이라는 기록 내용에서 아이디어를 얻었다. **투유유는 한방에서 사용하던 전통적인 열탕 추출 방식이 아닌 저온 추출 방식으로 개똥쑥의 유효한 성분을 추출해냈다.** 1972년에는 이런 추출 방식을 통해 개똥쑥에서 말라리아 치료에 효능이 강한 아르테미시닌을 분리해냈다. 그러나 투유유는 이 연구 결과를 바로 발표하지 못했다. 523 프로젝트가 군사 기밀로 시작되었을뿐더러 중국의 문화혁명기에는 과학자료를 서양 학술지에 발표하지 못하게 했기 때문이다.

투유유가 발견한 아르테미시닌은 클로르퀸에 내성이 생긴 열대형 말라리아를 치료하는 데 매우 유용했다. 아르테미시닌 덕분에 지난 십여 년 동안 말라리아 사망률이 절반으로 줄었고, 전 세계 수백만 명이 생명을 구했다. 하지만 투유유 교수의 노벨상 수상을 두고 중국 전통 한의사들은 매우 착잡해했다. 〈월스트리트저널Wall street Journal〉에 따르면 "중국 한의사들은 토종 식물에서 단일 성분을 분리해 사용하는 방식을 따르지 않으며 모든 약초는 함께 복용해야 한다"고 믿어왔는데, 투유유의 발견으로 자신들의 신념이 무너졌다는 것이다.

다른 한편 전문가들은 새로운 말라리아 치료제가 개발될 때마다 새로운 내성이 나타날까 봐 늘 두려워했다. 2009년 아르테미시닌에 내성을 갖는 말라리아 원충이 처음으로 확인되었다. 현재는 아르테미시닌만이 아닌 아르테미시닌과 작용 원리가 다른 2가지 성분을 섞은 약을 80여 개국에서 사용하며, 완치율은 95% 이상이다.

말라리아와의 전쟁은 아직도 끝나지 않았다. 지구온난화가 지속되면서 말라리아 발생지가 넓어지고 있기 때문이다. 또한 국제무역과 해외여행을 통해 말라리아가 전파되는 것은 갈수록 심각한 문제가 되고 있다. **지난 수십 년간 말라리아를 예방하기 위해 백신을 개발하려고 애썼지만 현재까지 시판된 백신은 없다.** 최근 사망률이 높은 열대형 말라리아 원충 감염을 예방하는 백신이 개발되어 2016년 사하라 사막 남쪽에 사는 어린이를 대상으로 백신 임상 시험을 할 예정이다.

한국도 1980년대 초에 말라리아가 사라진 것으로 알려졌으나, 1993년 비무장지대에서 근무하던 군인이 말라리아에 걸린 것이 확인되었다. 이후 2000년에는 4000여 명, 2016년에는 600여 명의 환자가 나왔다. 특히 모기가 활동하는 5~10월에 휴전선 접경 지역인 인천과 경기, 강원 북부 지역에서 말라리아가 집중적으로 발생한다. 3년 동안 평균적으로 인구 10만 명당 10명 이상 말라리아가 발생한 일부 지역은 헌혈을 제한하고 있다. 우리나라에서 유행하는 말라리아는 3일열 말라리아로 사망률이 낮은 편이며, 제때에 치료를 받으면 회복될 수 있다.

해외여행 중 열대와 아열대 지방을 갈 경우에는 말라리아 유형 중에서 사망률이 가장 높은 열대형 말라리아에 걸릴 위험성이 높다. 1999년 방송 프로그램 제작을 위해 아열대 지방에 갔던 한 연예인이 말라리아로 사망하는 안타까운 사건도 있었다. 어린이와 임산부, 면역력이 약한 사람은 말라리아에 걸릴 위험성이 매우 높기 때문에 말라리아 발생 지역으로의 여행은 피해야 한다. 불가피하게 여행을 해야 하는 경우 모기에 물리지 않도록 모기장에서 자거나, 보호 의복을 착용하고 곤충 기피제repellent를 바르는 등 예방 조치를 취할 수 있다. 아직도 완전히 이겨내지 못한 말라리아와의 싸움에 대처하기 위해 치료제에 생긴 내성을 극복하고 백신을 개발하려는 과학자들의 도전은 계속되고 있다.

♂ 비아그라, 남성만을 위한 해피 드러그

인류는 오래전부터 성적 욕구를 충족시키기 위해 정력제를 사용해왔다. 역사 기록을 보면 다양한 동물과 식물에서 유래한 정력제가 등장한다. 유럽, 동남아시아, 아프리카, 남아메리카 등에서는 성적 쾌감을 높여주는 환각 성분이 있는 약초를 정력제로 많이 썼다.

특히 《구약성경》과 셰익스피어의 작품, 요정과 마법사가 등장하는 설화나 소설에 자주 나오는 정력제로는 맨드레이크가 있다. 맨드레이크는 꽃은 보라색이고 열매는 오렌지색, 뿌리는 사람 모양인 식물로 인삼과 비슷하게 생겼다. 사람들은 코뿔소의 뿔을 정력제로 쓰기도 했는데, 최근 일본 과학자들이 코뿔소 뿔을 분석한 결과 코뿔소 뿔에는 성욕을 높이는 성분이 전혀 없음이 밝혀졌다. 흥미롭게도 영어 속어 horny('성적으로 흥분된')는 horn('코뿔소의 뿔')에서 유래한 말이다.

인류가 오랫동안 탐닉해온 정력제가 실제로 효과가 있는지는 과학적으로 증

명된 바가 없다. 미국 월간지 〈리더스 다이제스트Reader's Digest〉는 남성의 리비도libido, 즉 성 본능을 자극한다고 알려진 식품 18가지를 소개하며 남성의 성 기관을 강화시키는 특정 식품은 없다는 결론을 내렸다. 한국 사람들도 정력에 좋은 것이라면 식품이나 약초는 물론 야생동물과 비위생적인 혐오 식품까지 주저 않고 먹어댔다. 그러나 한국에서 애용하는 정력제가 그 과학적 효능이 입증되어 전 세계 사람들에게 널리 전파된 적은 없고 그 반대도 마찬가지다.

19세기 중반까지는 남성의 발기불능을 치료하는 데 특별한 방법이 없었다. 1970년대에 들어와 보철물을 남근에 이식하는 수술이 있었지만 그 과정이 너무 고통스러워 수술이 보급되는 데는 한계가 있었다.

영국 신경학자 길스 브린들리Giles Brindley 교수는 1983년 미국비뇨기과학회 강연장에서 충격적인 사실을 발표했다. 그는 근육 이완제를 주사한 뒤 발기된 자신의 성기 사진을 보여주며 발기불능 환자에게 근육 이완제 주사를 놓았는데 성기가 몇 시간 동안 발기해 있었다고 주장했다. 브린들리 또한 강연장에 오기 전, 호텔 객실에서 근육 이완제인 파파베린papaverine을 주사했기 때문에 발기된 상태여서 사람들에게 들키지 않도록 무던히 애쓰던 중이었다. 하지만 그는 청중들이 믿지 않자 갑자기 단상에 올라 바지를 내리고 자신의 성기를 보여주며 이렇게 말했다. "청중 여러분께 내 성기가 어느 정도나 발기가 됐는지 확인시켜주고 싶다." 예상치 못한 뜻밖의 장면에 많은 청중이 비명을 질렀다.

〈뉴욕타임스〉는 1983년에 일어난 이 에피소드를 두고 제2의 성性

혁명을 보여주는 전조라고 말했다. 이전까지 과학자들은 발기불능의 원인을 심리적·감정적 문제에서 찾았다. **하지만 브린들리는 발기불능에서 생리적 요인이 가장 중요함을 보여주었다.** 브린들리의 연구 결과를 토대로 제약 회사들은 발기불능 치료제를 개발하는 데 뛰어들기 시작했다. 1995년 처음으로 카버제트caverject 주사가 미국 FDA 허가를 받았다. 그러나 카버제트는 성관계를 갖기 전에 남성이 자신의 성기에 직접 주사해야 해서 통증과 불편함이 이루 말할 수 없었다.

예상치 못한 부작용으로 탄생한 비아그라

말 못 할 고민에 시달리던 고개 숙인 남성들을 위해 기적의 약, 비아그라가 등장한다. **비아그라는 고개 숙인 남성만 살린 것이 아니었다.** 비아그라는 환경 생태 보호에 큰 역할을 했다. 2008년 미국 워싱턴대학교에 따르면 "비아그라가 등장하면서 멸종 위기에 몰린 생물의 불법 거래가 줄고 개체 수가 현저히 증가"했다. 정력제로 효과가 있다고 알려졌던 코뿔소, 호랑이, 바다표범 대신 비아그라를 찾는 사람이 많아졌기 때문이다. 비아그라가 시판되자마자 바다표범 생식기인 해구신의 가격이 10만 원대에서 1만 원대 수준으로 떨어졌으며, 2년이 지나자 해구신이 아예 시장에서 사라졌다. 정력 강화를 위해 보약을 지어 먹던 사람들도 비아그라를 찾았다.

원래 비아그라는 발기불능이 아니라 심장병을 치료하기 위해 개발된 약이었다. 1985년 화이자연구소는 협심증 치료제 개발을 위한 연구를 시작했다. 협심증은 심장에 혈액을 공급하는 혈관이 수축되어 일어나는 증상인데 많은 화학물질을 시험한 결과, 실데나필sildenafil이 혈관을 이완시키는 데 효과가 가장 뛰어났다. 특히 실데나필은 몸에 빨리 흡수되고 무엇보다 알약으로 만들 수 있다는 장점이 있었다. 하지만 임상 시험 결과 유감스럽게도 이 약은 협심증을 치료하는 데에는 효과가 적었다.

그런데 약을 먹은 몇몇 남성에게 예상치 못한 부작용이 나타났다. 약을 먹은 발기불능 남성 가운데 88%의 남성에게서 발기불능이 개선되는 효과가 나타난 것이다. 임상 시험이 끝나면 반드시 남은 약을 회수해야 하는데 효과를 본 여러 명이 반납을 거부하기도 했다.

화이자연구소 실장 크리스 웨이먼Chris Wayman은 시험관을 생리수로 채우고 발기불능 환자의 성기 혈관 조직을 떼어내 양쪽에 전기신호를 측정할 수 있도록 연결했다. 처음에는 혈관 조직에 아무런 변화가 없었다. 그런데 실데나필을 시험관에 넣자 성기 혈관 조직이 갑자기 이완되었다. 이는 발기되는 과정과 유사한 현상이었다. 화이자는 본격적으로 실데나필을 발기불능 치료제로 개발하기로 했다.

1994년 발기불능 환자 12명을 대상으로 하루에 한 번 실데나필을 먹인 결과 10명에게서 극적인 효과가 나타났다. 1998년 5월 미국 FDA는 실데나필의 상품명인 비아그라 판매를 허가했다. 알약의 모양과 색깔 때문에 비아그라는 블루 다이아몬드라고도 불린다. 비아그라는 판매 승인이 난 지 1주일 만에 미국에서만 4만 건 이상 처방과 조제가 이루어졌다. 임상 시험 부작용에서 힌트를 얻어 만들어진 비아그라로 화이자는 막대한 매출을 올렸고 세계 최대의 제약 회사로 도약했다.

비아그라가 등장하자마자 전 세계 주요 언론이 앞다퉈 그 효능을 주목했다. 〈타임스〉는 표지에 '남성 성 기능 강화에 효과가 뛰어난 약'이라는 제목과 함께 포옹하는 중년 남녀의 사진을 올렸다. 〈뉴스위크〉도 '비아그라는 전 세계에서 가장 반응이 뜨거운 신약'이라는 제목으로 "비아그라는 미국, 브라질, 모로코, 멕시코에서만 합법적으로 구할 수 있는 약이지만 이미 다른 나라 암시장에서 활발히 거래되고 있다"고 보도했다. 심지어 〈워싱턴포스트〉는 CIA가 아프가니스탄에서 지지를 얻기 위해 비아그라를 이용한다는 기사를 싣기도 했다. CIA가 아프가니스탄 군 지도자들을 자기편으로 만들기 위해 지역에 학교를 세우고, 군 지도자들의 가족이 의료 서비스를 받게 해줄 뿐 아니라, 군 지도자들에게 비아그라를 선물한다는 것이었다.

국내에서도 비아그라에 엄청난 관심이 쏠렸다. 비아그라의 효능이 대중매체를 통해 알려지자 수입되지도 않은 비아그라를 찾거나 미국에 사는 지인에게 약을 사서 보내줄 수 있는지 묻는 사람도 많았다. 한국화이자사가 비아그라의 국내 판매 허가를 얻기 위해 임상 시험을 하겠다고 하자 지원자가 줄을 섰다. 또한 대기업 직원이 회장님께 드려야 한다며 "돈 액수에 상관없이 비아그라를 구해달라"고 간청했다는 보도가 나올 정도로 열기가 대단했다. 임상 시험을 위해 미국 화이자 본사로부터 받은 비아그라 60알이 어디에 있는지가 초미의 관심사가 되기도 했고 비아그라를 둘러싼 확인되지 않은 소문이 무성했다.

최근에는 과로와 스트레스로 인한 발기불능으로 병원을 찾는 20~30대 젊은 남성도 꽤 많다. 이런 남성들에게 효과가 뛰어나며 먹기 간단하고 부작용도 적은 비아그라는 과학이 가져다준 커다란 선물이었다. 의학 학술지 〈삶의 질 연구Quality of Life Research〉에서는 2001년 발기불능인 사람 가운데 비아그라를 먹은 사람의 발기불능이 얼마나 개선되었으며 삶의 질이 얼마나 달라졌는지를 조사했다. 비아그라를 복용한 사람 가운데 97%가 발기불능이 개선되었고, 대부분은 성생활 만족도가 높아졌으며 발기불능에 대한 걱정이 줄었다고 답했다.

정력제부터 고산증 치료제까지, 비아그라를 따라다니는 오해

비아그라의 인기에 편승해 곧바로 위조약이 만들어졌다. 주로 중국이나 인도의 소규모 공장에서 만들어진 위조약은 각 나라의 항만이나 공항을 통해 밀수되어 온라인으로 불법 유통되었다. 2011년 화이자가 미국 내 웹사이트에서 판매되는 비아그라를 조사한 결과, 80% 정도가 실데나필 성분이 30~50%만 들어 있는 가짜였다. 특히 비위생적인 시설에서 만들어진 약에는 살충제와 상업용 페인트, 프린터 잉크 등과 같은 위험 물질이 들어 있기도 했다. 미국 약사회는 약 1만 개의 인터넷 사이트를 조사해 정품이 갖춰야 할 조건에 맞지 않는 97% 가량의 약에 '비非추천' 등급을 매겼다. 하지만 비아그라 정품과 똑같이 생긴 위조약을 사람들이 눈으로 구별하기란 쉽지 않다.

비아그라가 날개 돋친 듯 팔리면서 비슷한 효능을 가진 약 시알리스와 레비트라가 이어서 등장했다. 그중 레비트라는 비아그라와 마찬가지로 효과가 30분 만에 나타나지만, 지속 시간은 5시간으로 비아그라보다 1시간 더 길다. 먹으면 15분 안에 효과가 나타나는 시알리스는 효과가 6시간, 어떤 경우에는 36시간까지 지속되어 주말용 약weekend pill이라 불리기도 한다. 시알리스는 약을 먹은 다음 남성이 성적으로 자극을 받아야 효과가 나타나며 자극이 없으면 발기되지 않는다.

2012년부터 대부분의 국가에서 비아그라 특허가 풀리자 미국을 제외한 국가에서 화이자 매출이 70% 이상 감소했다. 미국에서 비아그라 특허가 풀리는 2017년 12월에 맞춰 두 제약 회사에서 싼 복제약을 시장에 선보일 준비를 하고 있다. 화이자는 미국 내 특허 만료를 대비해 공격적인 마케팅을 시작했다. 2013년 화이자는 대형 약국 체인점 사이트에서 비아그라를 판매했는데, 웹사이트에 환자가 비아그라 신규 또는 리필 처방전을 올리면 무료로 집에 배달해주었다. 이런 방식은 약사를 자주 대면하기 꺼려 하고 가짜 비아그라가 아닌 정품을 사고 싶어 하는 사람들에게 매력적이었지만 미국 약사회는 의약분업에 위배된다고 화이자를 강하게 비난했다. 온라인 판매에도 불구하고 경제 분석가들은 2016년 미국 내 비아그라 매출이 1조 3000억 원이지만 2022년에는 2000억 수준으로 감소할 것으로 예측한다.

국내에서도 100여 개나 되는 비아그라 복제약이 성분뿐 아니라 색깔과 모양 모두 비아그라와 거의 비슷하게 만들어져 비아그라보다 싼 가격으로 팔리고 있다. 바야흐로 복제약 시장을 점유하기 위한 치열한 전쟁이 벌어지고 있는 것이다. 한국화이자는 비아그라 디자인을 베낀 국내 제약사를 상대로 소송을 벌였지만 패소했다. 시알리스의 특허가 만료된 2015년에는 60개 제약사가 150여 종의 복제약을 쏟아냈다. 대부분 정품 가격의 5분의 1 정도 되는 싼값으로 시장에서 팔리기 때문에 향후 시장 변동이 주목된다.

약의 효능을 둘러싼 오해도 생겼다. **처음에는 '발기불능 남성이 비밀스럽게 먹는 약'으로 알려졌지만 언제부터인가 '비아그라는 정력제'라는 인식이 퍼졌다.** 복제약을 출시한 제약 회사들이 성적인 뉘앙스를 풍기는 제품명을 붙이고, 먹기만 하면 정력이 강해진다는 식의 선정적인 마케팅을 폈기 때문이다. 네버다이, 바로타다, 소사라필 등은 식약처에서 부적합 판정을 받았고, '헐크 정', '아이언맨 정' 같은 이름은 영화 저작권사의 허가를 받지 못했다. 의사 처방이 필요한 전문약에 약이라고 부르기 민망할 정도의 상품명을 붙이는 것은 소비자가 약에 대한 정보에 집중하지 못하게 하고 호기심만 부추기는 꼴이 된다. 이처럼 국가가 전문약을 제대로 관리하지 못하면 실제 피해를 입는 것은 소비자다. 이러한 약들을 정력제로 잘못 인식할 수 있고, 효과가 좋고 안전한 약을 선택할 권리가 제한되기 때문이다.

비아그라는 엉뚱한 목적으로 쓰이기도 한다. 비아그라를 먹으면 드라이버의 공이 멀리 나간다는 속설을 믿고는 골프 시합 전에 비아그라를 먹는 사람들도 있다. 골퍼 대부분이 남보다 골프공을 멀리 치고 싶어 하는데, 이런 욕망과 강한 성적 능력을 과시하고 싶은 인간의 본성은 유사한 측면이 있다. 비아그라는 고산병 치료에 좋다고도 알려져 있다. 해발고도 2,500미터 이상에서 흔히 나타나는 고산병은 몸에

산소가 부족해 폐가 손상되고 폐에 물이 차서 심하면 죽음에 이르는 병이다. 2005년 프랑스에 있는 해발고도 4,350미터의 산을 등반한 12명을 대상으로 연구한 바에 따르면 비아그라가 폐혈관을 확장시켜 몸 안에 산소를 원활히 공급하는 등 고산병을 낫게 하는 데 도움이 된다고 한다. 반면 미국 질병관리본부는 고산병을 예방하려면 녹내장 치료에 쓰이는 아세타졸을 먹기를 권하는데, 산을 오르기 전에 먹어야 효과가 있다고 한다.

여성을 위한 비아그라 프로젝트

남성 발기불능 치료제로 알려진 비아그라를 여성이 먹는다면 어떻게 될까? 여성 건강과 관련된 몇몇 문헌 자료에 따르면 여성 10명 중 3명 또는 4명이 리비도가 결핍되어 있거나 성욕 장애를 겪는다고 한다. 화이자는 여성용 비아그라를 만들기 위해 '핑크 비아그라 프로젝트'를 시작한 바 있다. 3000명의 여성을 대상으로 비아그라가 '여성의 성 기능 장애 개선에 미치는 효과'에 관해 임상 연구를 했는데 결론은 실패였다. 여성이 비아그라를 먹자 질로 흘러들어 가는 혈액량은 많아졌으나, 남성과 달리 성적 욕구가 일어나지 않았다. 프로젝트 연구 팀장은 "여성들은 생식기에 변화가 생긴다고 해서 꼭 성적 욕구가 변하는 것은 아니며 여성의 성욕은 더 복잡한 요인에 영향을 받는다"는 결론을 내렸다. **여성의 성욕을 좌우하는 일차 기관은 생식기가 아닌 뇌라는 것이다.**

그렇다면 성욕이 줄어드는 여성을 위한 약은 없을까? 2015년 8월 미국 FDA는 플리반세린을 여성 성욕 장애 치료제로 허가했다. **이 약은 원래 우울증 치료제였는데, 임상 시험을 받던 일부 여성 지원자가 약을 먹은 뒤 성욕을 느꼈다는 결과가 나오자 곧 성욕 장애 치료제로 개발되었다.** 약을 개발한 회사는 플리반세린이 여성의 성욕과 관계있는 것으로 알려진, 뇌의 신경전달물질인 세로토닌을 자극한다고 주장하지만, 아직 명확히 입증된 바는 없다. 미국 FDA는 2009년과 2013년 심사에서는 플리반

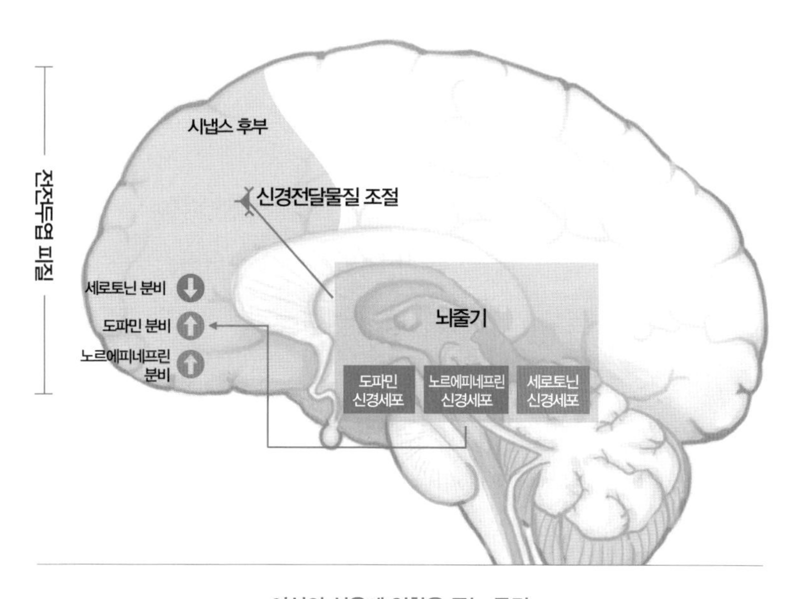

여성의 성욕에 영향을 주는 물질

남성과 달리 여성의 성욕을 좌우하는 일차 기관은 생식기가 아닌 뇌다. 플리반세린은 성욕에 관여하는 신경전달물질을 조절해 동기부여와 보상에 관여하는 전전두엽 피질의 기능을 조절하는 것으로 알려져 있지만 아직 명확하게 밝혀지지는 않았다. 신경전달물질 가운데 흥분제 역할을 하는 도파민과 노르에피네프린은 성욕을 증가시키는 반면 세로토닌은 성욕을 감소시킨다.

세린 시판을 허가하지 않았다. 심리적 효과를 주는 가짜 약인 위약과 비교해 효능에 큰 차이가 없다는 게 이유였다.

이에 몇몇 여성 단체는 '여성의 성 건강 평등권' 캠페인을 벌였다. FDA가 플리반세린 판매를 허가하지 않는 것은 일종의 성차별이라고 여겼기 때문이다. 이 약의 판매를 허가해야 한다는 탄원서에 6만 명이 서명했으며 일부 하원위원도 허가를 촉구하는 운동에 가세했다. 그러나 한 여성운동가는 〈워싱턴포스트〉에 "여성의 건강을 둘러싼 주장은 여성의 성 문제를 해결할 수 있는 안전하고 유효한 방법이 있을 때 가능한데, 아직은 그 시기가 아닌 것 같다"고 조심스레 의견을 내기도 했다. 논란 끝에 FDA는 약에 대한 전문교육을 받은 의사와 약사만이 처방하고 조제한다는 조건으로 플리반세린 시판을 허가했다.

플리반세린을 판매·제조하는 제약 회사 대표는 이 약을 "여성 비아그라"라고 홍보해 전문가들로부터 많은 비판을 받았다. 비아그라라는 이름에 편승하려는 얄팍한 상술일뿐더러 비아그라와는 다른 계통의 약인데 비아그라와 같은 효과를 내는 약으로 잘못 알고 복용하면 부작용이 생길 수 있기 때문이다. 2016년에 〈미국의학협회저널〉은 여성 6000명을 대상으로 진행한 임상 시험 사례를 비교하여 분석한 결과 "플리반세린을 먹은 그룹은 위약을 먹은 그룹과 비교해 월별 성관계 횟수는 0.5회 정도 많았지만, 부작용이 일어나는 빈도는 증상에 따라 1.6배 또는 4.0배 정도로 높게 나타났다. 따라서 여성의 삶의 질이 향상되었다는 증거는 상당히 약하다"고 밝혔다.

비아그라는 혁명인가, 해악인가

비아그라는 남성의 삶의 질을 획기적으로 높여주었다. 질병을 치료하기 위해 먹는 약이 아니라 삶의 만족도를 높이기 위해 먹는 약을 '해피 드러그Happy Drug' 또는 '라이프스타일 드러그Lifestyle Drug'라 부른다. **비아그라가 나오기 전, 발기불능을 겪는 대부분의 남성은 자신의 신체 기능에 장애가 있다고 생각지 않아 심리 상담과 치료만 받았을 뿐이다.** 그런데 비아그라 덕분에 발기불능으로 맘고생을 하던 남성들은 나이와 상관없이 본인이 원하는 시간과 장소에서 성생활의 즐거움을 누릴 수 있게 되었다. 영국 시사 주간지 〈더 위크The Week〉는 비아그라는 "임신의 두려움으로부터 여성을 해방시킨 경구피임약 개발에 버금가는, 성의 일대 혁명을 일으킨 약"이라고 평가했다.

비아그라가 등장하면서 한편으로 고민거리가 생긴 중·장년 여성이 많아졌다. 여성은 난소가 노화되어 월경이 멈추는 시기, 즉 폐경기가 지나면 여성호르몬이 거의 나오지 않아 자연스럽게 리비도가 감소하고 성에 대한 욕구가 줄어든다. 사회학자 마이카 로Meika Loe는 《비아그라의 등장The Rise of Viagra》에서 "중·장년 남성이 비아그라를 먹는 동안 파트너는 폐경이라는 성적 위기를 겪는다. 여성들은 비아그라가 성생활을 개선하는 데 크게 도움이 되지 않는다고 불평한다"고 썼다. 비아그라로 성적 젊음을 되찾은 남성 파트너와 관계를 할 때 건강한 자신의 성 욕구를 보여줘야 하며 본인은 만족하지 않는데도 비아그라를 먹은 남성에게 맞춰줘야 한다는 것에 부담감을 많이 느낀다는 중·장년 여성들도 있다.

약이 발견되었다고 해서 이것이 인류에게 항상 혜택만 주는 것은 아니다. 비아그라는 남성에게 성생활의 즐거움을 주었다. 그러나 비아그라의 등장으로 남녀 간의 자연스런 성적 생리 현상이 노화되는 정도가 불균형해지면서 사회적 역기능도 만만치 않다. 앞으로 노년층 인구가 증가하고 여러 계층의 남성들이 비아그라를 사용하는 것이 보편화되면 남성과 여성이 성관계에서 각각 어떤 변화된 행동을 보일지 사회학자들은 주목하고 있다.

4

무병장수를 향한 끝없는 욕망

만병통치약, 영원한 거짓말은 없다

50여 년 전만 해도 서울 변두리 지역에서 열리는 서커스 공연은 그곳에 모여든 사람들에게 일상의 힘겨움을 잊게 해주고 즐거움으로 기분을 들뜨게 하는 쇼와 같았다. 이런 분위기를 놓치지 않고 서커스단은 공연 뒤에 만병통치약을 팔았다. 또한 동네어귀에 자리 잡은 뱀 장수는 뱀 쇼를 보여주고 뱀술이 남성 정력뿐 아니라 소화를 돕고 신경통을 물리치는 만병통치약이라고 떠들어댔다. 요즘도 검증되지 않은 건강기능식품을 만병통치약으로 속여 수십억의 이익을 챙긴 사기꾼 일당을 잡았다는 기사가 심심치 않게 보인다. 만병통치약은 시간과 공간을 초월해 여전히 많은 사람을 홀리고 있다.

1793년 영국 의사 이브니저 시블리Ebenezer Sibly는 '태양의 팅크solar tincture'라는 약을 만들어 〈타임스〉에 이런 광고를 냈다. "급사 또는 자살한 사람에게 이 약을 먹이면 기적처럼 다시 살아납니다." 그러나 약에는 통증을 없애고 기분을 좋게 만들어주는 마약 성분인 코카인과 알코올 심지어는 신경마비를 일으키는 독성 물질도 들어 있었다. 7년 뒤 시블리가 죽은 뒤 밝혀진 사실은 그는 자신이 만든 이 '기적의 약'을 단 한 번도 먹은 적이 없다는 것이었다. '태양의 팅크'를 담았던 작은 초록색 병은 2016년 영국 경매에서 1200만 원에 팔렸다.

만병통치약을 뜻하는 영어 단어 패너시아panacea는 그리스 신화에 나오는 의술의 신 아스클레피오스의 딸이자 치료의 여신 파나케이아로부터 유래한 말이다. 파나케이아는 아픈 사람을 낫게 하는 묘약을 갖고 있었다고 전해진다. 영미권에서 패너시아는 만병통치약 이외에도 '해결책'이라는 비유적인 뜻으로도 쓰인다. **모든 문제를 해결해주는 만병통치약이 있다는 믿음에는 동서양 구분이 없었던 것 같다.**

과학이 발달하기 전에는 자연에서 채취한 약초를 사람들은 만병통치약으로 여겼다. 인류는 오랜 시간에 걸쳐 많은 대가를 치르면서 어떤 식물을 먹을 수 있는지, 어떤 식물이 몸에 해로운지 또는 이로운지를 습득해왔다. 그 과정에서 독초라 하더라도 몸에 해를 가하지 않을 정도의 적은 양을 먹었을 때에는 통증이 줄고 기침이 멈추며 정신이 깨어날 수 있다는 것을 알게 되었다. 이것이 바로 약초의 기원이라 할 수 있다. 처음에는 입에서 입으로만 전해졌던 약초에 관한 지식은 파피루스, 점토판, 종이가 발명되면서 기록으로 남았다.

중국, 인도, 이집트 지역에서는 약초 관련 지식뿐 아니라 전통 의술이 발달했다. 중국의 침술, 인도의 아유르베다, 이집트의 방혈放血, blood-letting 요법이 대표적이다. 대략 4500년 전 중국 신화시대의 황제 신농은 각지에 사람들을 보내 모든 약초를 구해온 뒤 치료 효과를 직접 확인하는 임상 시험을 했다고 한다. 그는 약초 365종을 《신농본초神農本草》에 기록했다고 하나, 현재 남아 있는 자료는 없다. 기원전 16세기 이집트의 의학 문서 《에베르스 파피루스》에는 877개의 약초 처방 사례를 비롯해 피임, 장염, 소화 질환, 기생충 등과 관련된 여러 처방이 나와 있다. 그리고 **고대 이집트에서 시작된 전통 의술인 방혈 요법은 19세기 말까지 서양에서 유행한 대표적인 만병통치 치료법이었다.**

서양 사람들이 의지한 치료법, 아프면 피부터 뽑자?

방혈은 몸에서 피를 빼 병을 치료하는 방법으로, 고대 이집트에서 시작되어 그리스와 로마로 전파되었다. 히포크라테스는 "방혈을 주기적으로 하면 여성이 생리를 할 때 나쁜 피가 빠져나가는 것과 마찬가지로 매우 유익하다"라는 기록을 남겼다. 그의 제자인 고대 로마의 의학자 갈레노스는 방혈과 관련된 이론을 정립하고 의사들에게 방혈 요법을 적극적으로 권장했다. 피가 정맥과 동맥으로 이루어져 있다는 것을 알아낸 갈레노스는 우리 몸을 구성하는 가장 중요한 체액은 혈액으로, 질병이 생기면 몸속 피를 빼내 체액의 균형을 맞춰야 한다고 믿었다. **그는 환자의 나이와 체질, 계절과 날씨에 따라 얼마나 많은 혈액을 몸에서 빼야 하는지를 정리하기도 했다.** 갈레노스의 주장에 따르면 병이 심하면 심할수록 많은 혈액을 몸에서 내보내야 했다.

이렇게 정체된 혈액을 뽑아내어 질병을 치료한다는 것은 현대 과학의 관점에서는 상당히 무모해 보인다. 하지만 중세 시대까지 약초 이

외에는 질병을 치료할 특별한 방법이 없었던 까닭에 많은 사람이 방혈 요법으로 치료를 받았다.

중세 유럽에서는 방혈 요법이 흑사병, 천연두, 간질, 천식 등 거의 모든 질병을 치료하는 데 쓰였다. 방혈은 주로 아래팔이나 목 근처의 정맥 또는 동맥을 칼로 베어 피를 빼는 치료법이었는데, 잘못하면 과다 출혈로 환자가 죽을 수도 있는 위험한 방법이었다. 그런데도 방혈

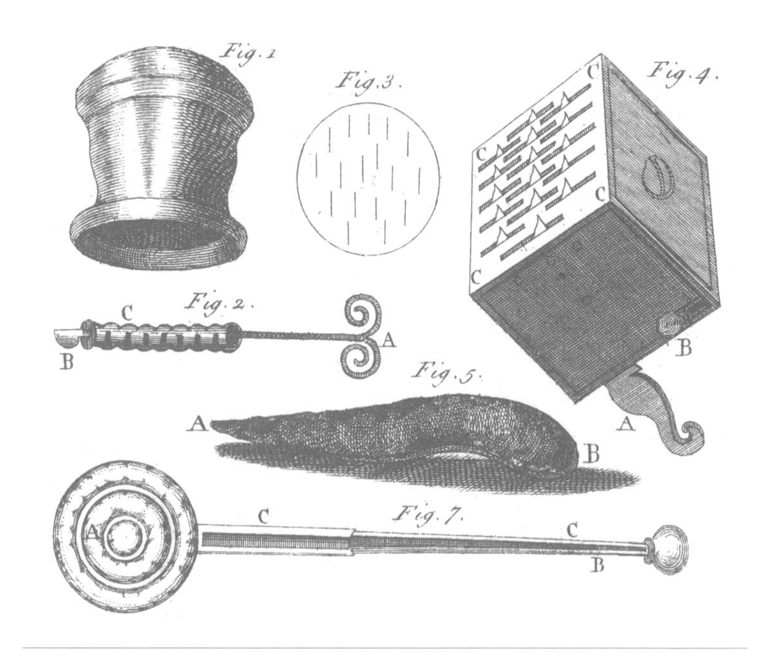

방혈 요법에 쓰였던 도구

몸에서 피를 빼내 질병을 치료하는 방혈 요법은 고대부터 19세기 말까지 약 2000년 동안 서양 의사들이 가장 신뢰했던 만병통치 치료법이었다. 영국 찰스 2세, 미국 초대 대통령 조지 워싱턴도 방혈 요법으로 치료받던 중에 몸속의 피가 너무 많이 빠져나가 사망했다.

시술은 수도승, 성직자, 이발사 등 의사가 아닌 사람이 하기도 했다.

1163년 마침내 교회는 치료법이 도덕적이지 않다는 이유로 수도승이나 성직자에게 방혈 시술을 금지하는 칙령을 내렸다. **그 결과 이제까지 해왔던 머리 손질과 면도 같은 일에 더해 이발사가 방혈 시술, 발치, 심지어는 절단 수술까지 하게 되었다.** 이발사들은 의료 교육을 받지 않았을뿐더러 대부분 문맹이라 귀동냥으로 얻어들은 지식으로 방혈 시술을 했다. 이발소 앞에서 돌아가는 흰색과 적색 줄무늬 봉은 중세 시대에 시술을 하고 난 뒤 가게 밖에 걸어놓은 피 묻은 수건에서 유래한 것이다. 중세 영국에서 각각 다른 길드에 속했던 외과 의사와 이발사는 16세기 중반에 이발사-외과의barber-surgeon라는 하나의 직종으로 합쳐졌다. 하지만 이후 전혀 다른 전문 직종이라는 인식이 점차 자리 잡으면서 1745년에 두 직종은 완전히 분리되었다.

영국 찰스 2세는 아버지가 단두대에서 처형된 뒤 10여 년 동안 망명 생활을 하다가 왕정복고가 되면서 왕위에 올랐다. 통치 기간 중에 찰스 2세가 뇌졸중으로 쓰러졌고 의사들은 찰스 2세의 팔뚝에서 0.5리터의 혈액을 뽑아냈다. 상태가 나아지지 않자 의사들은 구토와 설사에 효과가 있는 약초와 퀴닌을 먹이고 0.2리터의 혈액을 더 뽑아냈다. 찰스 2세의 몸에서 빼낸 혈액량은 성인 남성 혈액량의 7분의 1에 이를 정도였고 찰스 2세는 결국 사망했다.

18세기에는 삼각형 모양의 칼날을 정맥 위에 놓은 뒤 빠른 시간 안에 피를 뽑아내는 특수한 도구인 세모날lancet이 고안되어 방혈 시술을 받는 환자들의 고통을 줄여주었다. **1799년 12월 미국 초대 대통령 조지**

워싱턴이 심한 목감기에 걸리자 주치의들은 방혈 요법을 권했고, 16시간 동안 2~3리터나 되는 혈액을 뽑아냈다. 그는 결국 4일 만에 세상을 떴다. 몸속 피를 3분의 1 이상 빼내는 무리한 치료가 그를 죽음으로 내몰았던 것이다. 놀랍게도 갈레노스가 체계화한 방혈 요법은 고대부터 19세기 말까지 약 2000년 동안 서양 의사들이 가장 신뢰했던 만병통치 치료법이었다.

최초로 심장의 역할을 밝힌 하비

르네상스 시대에 인체에 관한 과학적 사실들이 밝혀지면서 방혈 요법이 도전받기 시작했다. 1628년 영국 내과 의사인 윌리엄 하비William Harvey는 과거의 이론을 뒤집는 중요한 사실을 발견했다. 1400년 전 갈레노스는 심장을 단순히 동맥과 정맥이 지나는 통로로만 생각했을 뿐, 펌프 작용으로 온몸에 피를 돌게 하는 심장의 중요한 기능을 알지 못했다. **하비는 심장이 박동함으로써 혈액을 동맥으로 내보내며 이렇게 내보내진 혈액이 정맥을 통해 심장으로 되돌아온다는 혈액순환 이론을 처음으로 제시했다.**

하비의 혈액순환 이론은 수천 년을 지배해온 체액 이론을 뒤집는 위대한 역사적 발견이었다. 하지만 방혈 요법 신봉자들은 혈액이 순환된다는 하비의 이론을 받아들이지 않았다. 방혈 요법을 써온 의사들이 쏟아내는 근거 없는 비난에 하비가 운영하는 병원을 찾는 환자 수는 점점 줄었고 그는 터무니없는 음모론에 시달려야 했다. 하비가 죽은 지 4년 만에 이탈리아 생리학자 마르첼로 말피기Marcello Malpighi는 레이우엔훅이 발견한 현미경으로 동맥과 정맥을 연결하는 모세혈관 그물망을 발견했다. 그 뒤로 하비의 이론을 비난하던 사람들은 더 이상 그 이론을 반박할 수 없었다.

말피기가 혈액순환 이론을 검증하고 나서도 200년이 넘도록 많은 의사들이 방혈 요법에 집착했다. 체액의 균형이 맞지 않아 병에 걸린다는 생각이 여전히 지배적이었고, 질병을 치료할 수 있는 다른 특별한 대안도 없었기 때문이다. 또한 질병을 개인의 사악한 행동에 대해 신이 내리는 벌로 여겼던 종교 교리는 사람들이 질병에 관해 합리적으로 생각할 기회를 빼앗았다. 19세기 중반에 병은 세균 때문에 걸린다는 주장이 과학 이론으로 인정받기 전에는 사람들은 질병의 원인을 정확히 이해하지 못했다.

특허약과 허위 광고의 시대

17세기에 영국 왕실은 약을 배합하고 만들어 이를 광고할 수 있는 권리를 보장하는 특허증을 개인에게 내주었는데 이것이 특허약patent medicine의 시초다. 19세기 말까지 경험적 방법과 과학적 증거에 의해 찾아낸 질병 치료 기술은 매우 제한적이었다. 그런데 유럽과 미국에서 도시 인구가 급격히 늘어나면서 전염병이 많이 돌아 약을 구하려는 사람이 점차 많아졌다. 영국 의사들은 약의 사용법을 적어놓은 약전藥典을 발행했지만 환자들의 다양한 증상에 맞춰 어떤 약을 어떻게 먹어야 하는지를 모두 적어놓을 수는 없었다. **병원에 찾아와 자신의 병을 고칠 수 있는 약을 지어달라는 환자가 점점 많아지자 의사들은 어떤 약이 어떤 효과가 있는지 알지도 못하면서 마구잡이로 몇 가지를 섞은 약을 만들어서 환자에게 주었다.** 이렇게 혼합된 약이 바로 엉터리 만병통치 특허약의 원조다.

특허약은 광고 산업의 발달 덕분에 많이 팔릴 수 있었다. 새로운 약이 나올 때마다 '인간에게 고통을 주는 모든 질병을 치료할 수 있다'는 문구가 신문 광고에 그대로 실렸다. 유명 인사가 공개적으로 약의 효능을 말하거나 그 약을 먹고 다 나았다는 사람들의 증언을 담은 광고가 많았다. 1726년에는 통증과 관절염을 낫게 해준다고 선전했던 '베이트만 박사의 방울Dr. Bateman's Drops'이라는 특허약이 유럽에서 유행했다. 이 약은 미국 독립전쟁 무렵 미국으로 건너가 '베이트만 박사' 이름을 넣은 여러 종류의 약으로 만들어져 20세기 초까지 판매되었다. 사실 이 약에는 마약 성분이 들어 있었고 베이트만 박사는 실존 인물이 아니었다. 그리고 약을 제조한 회사는 창고에서 약을 만들었으며 광고를 위해서 인쇄소를 직접 운영하기까지 했다.

허위 광고를 한 만병통치약의 대표 사례로 대피 엘릭서Daffy's Elixir가 있다. 1647년에 개발되어 영약靈藥으로 불린 이 약은 19세기 말까지 영국과 미국에서 매우 인기가 높아 찰스 디킨슨의 소설《올리버 트위스트》에도 나올 정도였다. **당시 대피 엘릭서를 만든 회사는 영국 왕실로부터 약을 만들고 배합해 광고할 수 있는 특허증을 받아 독점 판매권을 가졌다.** 대피 엘릭서 제조사는 신문에 이런 내용의 광고를 내보냈다. "오리지널 영약 대피, 건강을 가져다주는 음료, 전지전능한 하늘의 섭리로 탄생.

지금까지의 그 어떤 약보다 훨씬 뛰어나며 치료 효과가 증명됨. 성별, 질병 종류, 체질에 상관없는 최적의 영약!" 그러나 이 약은 13개 약초를 섞은 약으로서 변비 완화에 효과가 있는 약초가 든 정도였다.

쇼의 형태로 특허약을 판매하는 방식인 '약장수 쇼'가 성행하던 시대가 서양에서도 있었다. 주로 미국 소도시에서 공연하는 유랑 서커스단을 만들어 전국을 돌아다니며 공연을 펼친 뒤 분위기가 최고조에 이르면 만병통치 엉터리 약을 선전하며 팔기 시작했다. 관객석에는 미리 짠 협잡꾼이 앉아 있다가, 나와 달라고 한 적도 없는데 갑자기 관객석에서 튀어나와 약의 효능에 관해 증언을 했다. 이러한 엉터리 약은 마차에서 만들어져 바로 약병에 담겨 쇼 공연을 마친 뒤 팔렸다. 가장 수완이 좋았던 '키카푸족 인디언 제약 회사'는 '아메리칸 인디언' 또는 '와일드 웨스트'를 주제로 쇼 공연을 했으며 실제로 많은 아메리칸 인디언을 협잡꾼으로 고용했다.

일부 특허약에는 매우 위험한 성분도 들어 있었지만 합법적으로 팔린 경우가 많았다. 코카인 등 마약이 들어간 약을 만들어 팔아도 불법이 아니었다. 마약류 성분이 들어간 약들은 통증, 기침, 설사를 완화시키는 데 효과가 있었지만 중독성이 강했다. 제약 회사는 이러한 부작용을 충분히 알고 있었지만 마약이 몸에 해롭지 않다고 광고했다. 알코올이 들어간 약 또한 논란을 불러일으켰다. 미국에서는 술 판매가 금지된 주에서조차 질병 치료에 효과가 있다며 알코올이 들어간 약을 팔았다. 알코올에 몇몇 약초의 향만 넣고 약이라고 이름 붙인 일부 특허약이 팔리기도 했다.

특허약으로 출발했지만 음료수로 큰 성공을 거둔 경우가 바로 코카콜라다. 1885년 약사인 존 펨버턴John Pemberton은 뒷마당에서 약초 배합을 연구하면서 코카인의 원료인 코카 잎과 카페인이 들어간 콜라나무 콩을 배합해 두통, 위통, 피로를 완화시키는 특허약을 개발했다. 펨버턴이 죽자 사업가 아사 챈들러Asa Candler가 특허 사업권을 2,300달러에 인수해 코카콜라 회사를 세웠다. '코카콜라'는 배합한 두 약초 이름에서 따온 말이다. 그는 쿠폰 발행과 로고 부착과 같은, 당시로서는 획기적인 판매 전략을 폈고 첫 해에 코카콜라 시럽 매출이 10배 이상 증가했다. 챈들러는 곧 특허약 사업을 접고 청량음료 사업에 집중했다.

코카콜라를 음료수로 전환한 뒤 1903년 마약에 반대하는 운동이 벌어지자 챈들러는 코카콜라에서 코카인 성분을 빼고 카페인 양을 늘렸다. 코카콜라가 특허약에서 식음료로 업종을 바꾼 이유는 미국 의회가 모든 특허약에 세금을 부과하자 세금을 피하기 위해서였다고 한다. 1914년에 코카인 사용이 불법화되고, 1919년의 금주령으로 술을 대체할 음료수를 찾던 사람들의 호응을 얻어 코카콜라는 애틀랜타 지역 브랜드에서 현재 전 세계가 사랑하는 음료 브랜드가 되었다.

한 기자의 고발로 탄생한 식품의약품법

20세기 초 저널리스트들은 특허약 가운데 몸에 해롭고 중독성이 강한 약이 많다고 주장했고 식품 산업의 비위생적 실태를 추적해 심층 보도했다. 1904년에 저널리스트 업턴 싱클레어Upton Sinclair는 신분을 숨기고 시카고 육류 포장 공장에서 7주간 일한 뒤, 그곳에서 본 이민 노동자의 비참한 노동 현실과 관리자의 부패를 묘사하는 소설《정글Jungle》을 발표했다. 그러나 독자들은 노동 현실보다도 포장할 때 독성 방부제와 유해 염료를 사용하는 끔찍한 비위생적 생산 관리 시스템에 더 크게 분노했다. 자신의 의도와는 다른 대중의 반응을 접한 싱클레어는 이런 말을 남겼다. "나는 대중의 심장을 겨냥해 화살을 쐈는데 예상치 못하게 위장에 명중하고 말았다."

1905년 저널리스트 새뮤얼 애덤스Samuel Adams는 '엄청난 미국 내 사기The Great American Fraud'라는 제목의 시리즈 기사 12편을 주간지 〈콜리어Collier〉에 실었다. **그가 말한 '사기'란 효능을 위조하고 유해 성분을 넣은 엉터리 약을 만들어 팔아온 후안무치한 특허약 산업의 행태를 가리킨다.** 기사가 나간 뒤 특허약의 실체를 알게 된 대중은 분노했고 결국 미국 의회가 나섰다. 미국의사협회AMA는 애덤스의 기사를 묶어 50센트짜리 책으로 만들었고, 책은 50만 부나 팔렸다.

다음 해인 1906년 6월에 미국연방정부 최초의 '식품의약품법'이 발효되었다. 특허약은 모든 구성 성분을 밝혀야 하며 독성 물질이 들어 있거나 가짜 상표를 붙인 식품과 의약품은 다른 주州로 유통할 수 없다는 것이 주요 내용이었다. 새로운 법률에 따르면 마약 성분이 들어간 특허약 판매는 불법이 아니었지만, 특허약에 마약 성분이 들어 있다면 반드시 표기해야 했다. **두 저널리스트의 신랄한 고발은 법 제정을 이끌어냈을뿐더러 미국 FDA가 탄생하는 계기가 되었다.** 애덤스의 책《엄청난 미

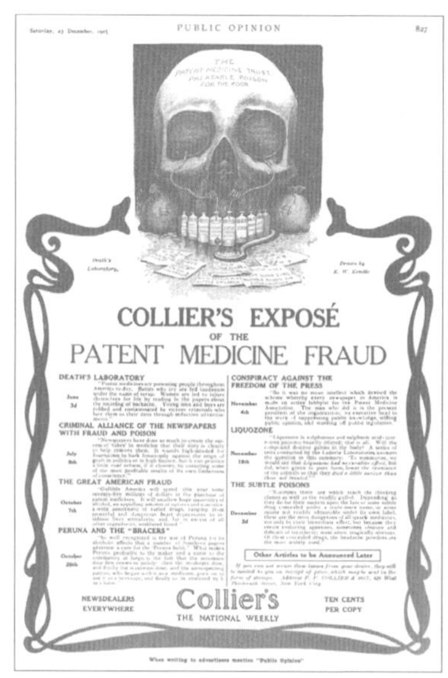

특허약 산업의 사기 행태를 고발한 잡지 〈콜리어〉(좌)와 이를 취재한 저널리스트 애덤스(우)

애덤스는 '엄청난 미국 내 사기'라는 제목의 시리즈 기사 12편을 주간지 〈콜리어〉에 실었다. 그가 말한 '사기'란 효능을 위조하고 유해 성분을 넣은 엉터리 약을 만들어 팔아온 후안무치한 특허약 산업의 행태를 가리킨다. 기사가 나간 뒤 특허약의 실체를 알게 된 대중은 분노했고 미국 의회가 나설 수밖에 없었다.

국 내 사기》는 그 당시 번창했던 엉터리 약의 역사를 되돌아볼 수 있는 중요한 자료다.

이러한 법적 조치가 행해지고 전담 관리 기구가 마련된 것은 마약 성분이 들어간 특허약 판매를 금지하는 데 도움이 되었다. 하지만 근본적으로 제약 회사의 과대광고를 규제하고 약이 인체에 유해한지 여부를 시판 전에 밝히게 하는 데는 역부족이었다.

1906~38년에 약 때문에 생긴 부작용과 관련된 많은 소송이 있었

다. 특히 1937년 제약 회사 매셍길Massengill은 용혈성 구균에 감염된 모든 증상에 효능이 있다는 설파닐아미드 엘릭서를 출시했는데 약 속에는 부동액이 들어 있었다. 약이 판매된 이후 기록된 사망자만 107명이었으며 사망자 가운데는 어린이가 많았다. 이 비극은 1938년 '식품의약품화장품법'을 개정하는 원동력이 되었으며 이 법에 인체 안전성 시험 자료를 FDA에 제출해야만 약을 시판할 수 있음이 명시되었다. 더욱이 FDA는 마약류가 아니더라도 설파닐아미드와 같이 부작용을 일으킬 가능성이 있는 약은 면허를 가진 전문 의사가 진단한 뒤 처방해야 한다고 했다. 이는 전문의약품(Prescription drug, 의사가 처방하고 약사가 조제하는 의약품) 도입의 효시가 된다.

탈리도마이드를 먹고 부작용으로 수많은 기형아가 태어났던 사건 이후 1962년 미국 의회는 의약품의 효능과 안전성을 보장하기 위해 의약품 허가와 감시를 강화한 법률을 통과시켰다. 1972년에는 의사 처방 없이 약국에서 살 수 있는 일반의약품Over-the-counter; OTC은 약 성분의 효능과 안전성을 검증해야 하고 그 내용을 약 포장지에 표시해야 하는 등 정보 표시를 강화하는 제도가 도입되었다. 1984년에는 오리지널 약의 특허가 끝나면 효능과 안전성 시험 없이도 다른 제약 회사가 복제약을 만들어 팔 수 있고, 동시에 오리지널 약이 FDA 승인 과정에서 걸린 시간을 보상해주기 위해 오리지널 약의 특허 기간을 5년 연장하는 조치가 취해졌다. 이처럼 미국이 약 100년간 시행착오를 거치면서 완성한 의약품 안전 관리 체계는 전 세계 의약품 관리 체계의 표준이 되었고 우리나라에도 도입되었다.

한국의 의약품 안전 관리 체계는 어떨까? 의약품과 식품의 관리를 맡은 식약처는 그동안 식품의 안전사고와 관련된 언론과 소비자 단체의 끊임없는 문제 제기를 받으며 식품 안전 체계를 꾸준히 개선해왔으며 대응 체계 또한 갖추고 있다. 그러나 식품에 잔존한 살충제, 농약, 항생제와 같은 유해화학물질을 허가, 등록, 관리하는 체계가 허술하며 기술의 한계 또한 심각하다. 국내에서 의약품 사고가 현재까지 큰 사회문제로 불거진 경우는 드물다. 그 이유는 많은 약이 선진국에서 개발한 약이거나 복제약이기 때문이다. 이런 점에서 우리나라는 아직 선진국의 의약품에 의존하는 경향이 강하다. **따라서 국내 의약품 안전 관리 제도는 국내에서 나오는 신약과 수입하는 약의 안전성을 평가하기 위한 전문성과 연구 기반이 뒤처져 있다.** 정부가 이런 문제점을 인식하고 중장기 계획을 세워야만 세계적인 신약을 개발해낼 수 있는 토대가 마련될 것이다.

슈퍼푸드, 건강기능식품 그리고 약

건강에 관한 관심이 뜨거운 만큼 각종 식품과 건강 유지에 도움을 준다는 건강기능식품, 질병을 치료하고 예방할 수 있다는 약에 관한 수많은 정보가 넘친다. **식품과 건강기능식품, 약 각각의 다른 점은 무엇일까?** 식품은 에너지로 쓰이거나 호르몬이나 효소를 만들어 생리 기능을 조절하며 조직 재생과 성장을 촉진하는 기능을 갖는 영양소nutrient를 함유한 모든 음식물을 말한다. 건강기능식품은 뼈 건강과 체지방을 유지시키고 혈액의 흐름을 원활하게 해주는 등 건강에 도움을 주는 원료나 성분을 캡슐, 알약, 시럽 형태로 만든 제품이다. 약은 보다 적극적으로 질병을 치료하거나 예방하기 위해 쓰인다.

영양소 중에서 비타민 C는 야채나 과일 같은 식품으로 섭취할 수 있고 비타민 C를 넣어 만든 건강기능식품으로 섭취할 수도 있다. 또한 괴혈병 치료를 위해 많은 양의 비타민 C로 만든 약을 쓰기도 한다. 함량으로 보자면 식품, 건강기능식품, 약의 순서대로 비타민 C 함량이 높다. 요즘에는 슈퍼푸드와 같은 특정 식품이나 건강기능식품이 사용 목적에서 약과 뚜렷한 차이가 있는데도 건강 유지나 성인병 예방, 심지어는 질병 치료에서 약 대신 사용되는 경우가 많다.

슈퍼푸드의 기적은 없다

최근에는 공장에서 만들어진 건강기능식품이 아닌, 식품을 통해 몸에 좋은 영양소와 성분을 얻고자 하는 경향이 강해졌다. **예를 들어 프로바이오틱스 제품보다는 요구르트를, 오메가3 영양제보다는 생선을 먹는 것이다.** 이러한 경향은 자연스럽게 슈퍼푸드 열풍으로 이어졌다. 2011년 미국 CNBC 방송에서는 전 세계에서 가장 많이 팔리는 10대 슈퍼푸드로 아몬드, 블루베리, 브로콜리, 아보카도, 케일, 석류, 열대 과일(망고, 파파야, 파인애플 등) 등을 소개했다. 또한 〈타임스〉, BBC 같은 영향력 있는 대중매체가 슈퍼푸드와 관련된 내용을 보도할 때면 국내 포털사이트 검색어에도 슈퍼푸드가 상위권에 들 정도다.

슈퍼푸드란 무엇일까? 슈퍼푸드를 과학적으로 정의한 것은 없지만 일반적으로 슈퍼푸드는 특정 영양소나 항산화 성분이 많이 들어 있어 질병을 예방할 수 있는 식품을 일컫는 말로 쓰인다. 일반 식품과 건강기능식품의 중간 정도의 효능을 갖고 있다고 할 수 있다. 비타민과 미네랄 같은 특정 영양소가 일반 식품보다 조금 많이 들어 있거나 특이한 항산화 성분을 포함한 슈퍼푸드 가운데 건강 개선에 효과가 있다고 임상적으로 증명된 것은 거의 없다. 양파와 마늘에 유황을 함유한 항산화 성분이 많이 들어 있지만 어느 정도 먹어야 질병 예방 효과가 있는지 밝혀진 바 없으며, 질병 예방 효과가 있다 하더라도 하루에 양파를 10개씩 먹기는 어렵다.

브라질의 열대우림 지역에서 나는 산딸기 아사이베리Acaiberry는 슈퍼푸드 열풍을 이끌었던 대표적인 식품이다. 2008년 의사인 메흐멧 오즈Mehmet Oz 박사가 〈오프라 윈프리 쇼〉에서 아사이베리는 항산화제가 많아 건강에 좋고, 다이어트에도 효과가 있다"고 주장했다. 곧이어 아사이베리를 먹으면, 다이어트에 좋을 뿐 아니라 암을 예방할 수 있고 성 기능을 개선하며 노화를 늦추는 데 효과가 있다는 광고가 봇물 터지듯 나왔다. 아사이베리 열풍은 미국뿐 아니라 유럽과 한국으로까지 퍼졌다. **그러나 2011년 전문 학술지에서 아사이베리의 성분을 조사한 결과 당근, 바나나, 오렌지에 비해 주목할 만한 영양소나 항산화 성분은 발견되지 않았다.** 또한 아사이베리가 임상적으로 건강 유지나 질병 예방에 좋다는 과학적 근거도 없었다.

슈퍼푸드를 어떻게 봐야 할까? 슈퍼푸드를 내놓는 식품 산업계는 슈퍼푸드가 노화를 지연시키고, 우울감을 덜어주고, 몸에 활력을 불어넣어준다고 주장하지만 과학적 증거는 매우 미약하다. 게다가 대부분 이해당사자인 기업에서 지원한 연구비로 진행한 연구 결과를 근거로 내놓아 객관적이라 하기 어렵다. 무엇보다도 특정 식품에만 관심이 쏠려 좋지 않은 식습관이 생기면 영양소가 결핍되어 건강을 해칠 수 있다는 점이 가장 큰 문제다. 한두 가지 슈퍼푸드에서 기적을 바라기보다는 다양한 식품 섭취로 균형 잡힌 식사를 하는 것이 건강에 더 좋다.

건강기능식품은 약이 아니다

건강기능식품에는 영양소를 다량 함유한 제품과 병에 덜 걸리고, 건강을 되찾거나 지켜준다고 주장하는 기능성 원료가 들어간 제품이 있다. 미국과 일본에서는 건강기능식품의 효능과 안전성을 정부가 심사하지 않고 신고만 하면 그 식품을 팔 수 있지만, 부작용이 나타나면 즉시 판매를 금지한다. 부작용만 없다면 소비자가 건강기능식품을 선택하도록 하는 제도다. 반면에 우리나라는 2002년 도입된 법률에 따라 식약처에서 효능과 품질, 안전성을 심사한 뒤 판매를 허가한다. 그런데 식약처는 건강기능식품을 약이 아니라 기능성 식품으로 다룬다. **식약처가 약이 아닌 건강기능식품의 효능을 보증하는 현재의 제도를 계속 유지하는 것이 맞는지에 관해 국내 전문가들 사이에서 논란이 많다.** 건강기능식품 대부분이 시험관 실험이나 동물실험에서는 효과를 보였지만, 인체 시험에서는 뚜렷한 효과가 보이지 않기 때문이다.

국내에서 가장 많이 팔리는 건강기능식품으로 인삼 제품이 있다. 인삼이 암, 당뇨, 심혈관 질환, 발기불능, 우울증, 만성피로 등을 개선하는 효과가 있는지를 연구한 논문 수천 편이 나왔지만 아직도 인삼의 효능을 나타내는 성분, 즉 유효 성분이 무엇인지가 명확하게 밝혀지지 않았다. 2015년 미국 잡지 〈사이언스〉 특집호 "전통 의학의 기술과 과학The Art and Science of Traditional Medicine"에서는 오랫동안 건강 보조제나 약으로 쓰였던 인삼이 인체 시험에서 뚜렷하게 건강 개선 효과를 보이지 않았다는 내용을 실었다. 미국 국립보건원은 "인삼의 효과를 밝히려는 많은 인체 시험이 있었지만 높은 수준의 연구는 없었다. 따라서 인삼의 효과를 확신하기 어렵다"는 내용을 홈페이지에 올렸다. 2002년 세계보건기구 자료에 따르면 인삼 제품을 먹고 고혈압이나 저혈압 증상을 보인 사례가 자주 보고된다고 한다. 이러한 보고 사례를 토대로 나는 연구팀과 함께 독성 분야의 권위 있는 학술지인 〈톡시콜로지컬 사이언스Toxicological Sciences〉에 인삼의 유효 성분 중 하나로 알려진 진세노사이드Rg3가 시험관 실험과 동물실험에서 혈관을 손상시켰다는 연구 결과를 발표했다. 물론 이 연구 결과는 인삼을 너무 많이 먹거나 오랫동안 섭취한 경우에 해당한다.

인삼의 효능에 대한 사람들의 오랜 믿음과 인삼을 재배하는 농가 그리고 인삼 제품을 만드는 산업계에 미칠 영향을 생각하면 인삼을 두고 어떤 견해를 밝히는 것은 매우 조심스럽다. 대부분의 약은 하나의 성분으로 만들며 그 함량이 높기 때문에 효능과 부작용을 쉽게 평가할 수 있다. 반면에 많은 식물 성분이 포함되어 있지만 유효 성분을 정확히 모르는 인삼은 일반적인 섭취 수준에서 나타나는 효능과 부작용을 과학적으로 밝히기 어렵다. 하지만 플라시보 효과가 과학적으로 입증된 것처럼, 먹는 사람이 건강기능식품의 효능을 믿고 먹는다면 부분적으로 건강 개선에 효과가 있을 수 있다.

우리는 왜 '셀프 전문가'가 되었나

우리는 몸에 좋고 약이 된다고 하면 무엇이든 가리지 않고 먹어왔다.

특히 좋은 약이 없었던 시절, 평균수명이 30세 안팎이었던 1940년대까지 병과 싸워 살아남기 위해서는 약에 집착할 수밖에 없었다. 특정 식물이나 동물이 약이 된다는 소문이 나면 야생동물 밀렵과 불법 약초 채집이 기승을 부렸다. 21세기에 들어선 지금도 약에 의존하는 분위기는 크게 변하지 않았다.

이런 분위기가 지속된 것은 교육이 제 역할을 하지 못한 탓이다. 일본의 초등학교와 중학교에서는 건강에는 무엇보다도 자연치유력이 중요하다고 가르친다. 자연치유력은 세균이 몸 안으로 들어오면 그것에 맞서는 면역력이 생겨 다음에 또 같은 병에 걸리지 않도록 잘 방어하고 손상된 조직이나 장기를 스스로 재생시키는 능력을 말한다. 이렇게 일본은 자연치유력을 믿고 불필요하게 약을 먹지 않으며 약을 바르게 사용하는 방법을 가르친다. 또한 친구에게 약(마약, 술, 담배를 포함)을 권하거나 주면 안 된다고 철저히 교육한다.

미국은 초등학생부터 고등학생까지 건강과 약의 사용에 대해 단계적으로 교육한다. 초등학생은 몸에 도움을 주기도 하고 해가 되기도 하는 약의 측면, 술이 뇌에 미치는 영향, 개인위생과 식습관, '화학물질에 많이 노출되면 몸에 해롭다'는 내용을 토대로 기초 교육을 받는다. 중학생은 농약, 중금속과 같이 생활에서 쉽게 접할 수 있는 독성물질, 약(마약), 흡연, 음주가 인체에 끼치는 해악에 관한 교육을 받으며, 고등학생은 일반의약품과 전문의약품 선택의 기준과 잘못된 사용, 임신과 약, 마약, 흡연, 음주의 해악에 관해 교육받는다. 이로써 학생들이 약의 위험성과 효능이라는 양면성을 알게 한다.

한편 우리는 약에 관한 기본 교육이 제대로 이루어지지 않고 있다. 대형 서점에서 살펴본 초중고 과학과 기술/가정 교재에서 약이란 무엇인지, 약으로 어떤 부작용이 생길 수 있는지, 약을 올바르게 쓰는 법은 무엇인지에 관한 내용은 찾아볼 수 없었다. 몇몇 대학에 '약과 건강'이라는 교양 강의 수업이 있긴 하지만 수업을 들을 수 있는 인원은 한정되어 있다. 약에 관한 기본 교육이 제대로 이루어지지 않으니 많은 사람이 인터넷에서나 주변에서 귀동냥으로 정보를 얻어듣고, 몸이 불편하거나 아프면 스스로 전문가가 되어 민간요법이나 건강기능식품, 약을 선택한다. 심지어는 본인이 얻어들은 방법이 효과가 매우 좋다고 남에게 권하기도 한다. 이런 셀프 전문가에게 의사가 약에 대해 설명하는 것이나 약사가 약의 복용 방법과 부작용을 이야기하는 것은 직업상 늘 하는 잔소리로 들릴 수 있다.

이런 문제를 교육 탓만으로 돌릴 수는 없다. 정부와 전문가가 제 역할을 하지 못한 것도 문제다. 건강, 식품, 약, 의료를 전담하는 미국 FDA와 일본 노동후생성은 국민의 신뢰도가 매우 높다. 국민 건강 문제에 정치나 산업 논리가 끼어들 틈이 없을 뿐 아니라 장인 정신과 전문성을 높이 평가하는 사회 분위기 속에서 믿을 수 있는 전문가의 판단과 결정이 뒤따랐기 때문이다.

불행하게도 우리는 정부와 전문가의 말을 잘 믿지 않는다. 정부와 전문가는 왜 국민에게 신뢰를 잃은 걸까? **일부 전문가들은 건강과 약에 관한 연구에 몰두하는 대신 홈쇼핑이나 방송에 출연해 특정 제품을 홍보하기 바쁘다.** 어른과 어린이 환자를 가리지 않고 네다섯 개나 되는 알약을 과잉 처방하는 의사도 있다. 약사는 이에 익숙해져 아무 문제의식 없이 처방전 그대로 조제한다. 약의 올바른 사용을 위해 의사의 처방과 약사의 조제 간에 이중 검토 시스템이 작동되는 선진국과는 대조적이다. 신문의 건강 섹션은 정보를 제공하는 듯하지만 자세히 들여다보면 대부분 홍보 기사다. 한편 정부는 정치 목적이나 경제 활성화라는 미명 아래 의약품 안전 관리에 관한 명확한 기준 없이 규제를 강화하거나 풀어버리는 등 고무줄 정책을 반복해왔다.

인터넷에는 건강과 약에 관련된 수많은 정보가 넘쳐나지만 광고인 경우가 많고 어떤 블로거들은 잘못된 정보를 퍼 나르기까지 한다. 개인의 취향에 따른 맛집 소개나 영화평과는 달리 한 사람의 건강과 생명이 달린 약에 관한 정보를 비전문가가 근거 없이 퍼뜨리는 것은 위험하다. 잘못된 정보 때문에 적절한 치료 시기를 놓쳐 심각한 피해를 입을 수 있기 때문이다. 선진국에서 "약은 절대로 남에게 주거나 권하지 말라"고 교육시키는 이유다.

그러면 약과 건강에 관한 믿을 만한 정보는 어디에서 얻어야 할까? 미국 FDA와 질병관리본부는 홈페이지에 여러 질병의 원인, 치료, 예방, 약의 선택, 부작용을 다룬 해당 분야 전문가들의 의견을 종합해 올린다. 또한 소비자들이 관심 있어 하는 건강 관련 정보도 주기적으로 업데이트하며, 전문가용과 일반인용으로 그 수준을 분류하여 일반인들도 쉽게 이해하도록 설명한다. 우리도 정부가 전문가 그룹을 만들어 건강, 질병, 치료, 예방, 약, 부작용을 다룬 정확한 정보를 홈페이지를 통해 제공할 필요가 있다. 국민이 정책과 전문가를 신뢰하고 국가와 국민, 그리고 전문가 사이에 있는 건강과 약에 대한 정보 격차를 줄여나가기 위해서다.

우리 몸은 생각보다 훌륭하다

약 덕분에 인류는 질병의 두려움으로부터 벗어날 수 있었고 전 세계적으로 평균수명도 늘어났다. 지금까지 알지 못했던 새로운 질병도 계속 나타나 이를 치료하거나 예방할 수 있는 약도 개발되고 있다. 약에 너무 집착하는 것도 문제이지만 약을 불신하는 것도 문제다. 건강검진 결과 혈압과 혈당 수치가 높게 나온다고 해서 약을 바로 먹는 것은 아니다. 먼저 운동과 식이요법, 생활 습관 변화를 통해 치료될 수 있도록 하고, 치료 효과가 나타나지 않았을 때 비로소 약을 쓰는 것이다. 고혈압, 당뇨 같은 성인병에는 슈퍼푸드나 건강기능식품이 도움이 되지 않는다. 폐렴 환자나 패혈증 환자는 약을 먹어야 하며, 수술할 때 마취제를 쓰고, 말기 암 환자가 모르핀 주사를 맞듯이 생명이 위급하거나 통증을 줄여야 할 때는 약이 필요하다.

몸에 약간만 이상이 생겨도 약을 찾는 사람들이 있다. 인체는 미생물 감염이나 독소 침투를 막는 정교한 방어 엔진을 갖추고 있으며 자발적으로 회복하고 재생하는 자연치유력이 매우 뛰어나다. 그리고 외부의 환경 변화에 적응하는 능력도 매우 뛰어나다. 예를 들어 운동을 시작하면 처음에는 100미터도 숨차서 달리기 어렵지만 지속적으로 연습하면 근육량과 골밀도, 폐활량이 늘어나 10킬로미터, 마라톤까지 도전할 수 있다. **1주일간 침대에 누워만 있으면 우리 몸에서 달걀 6개 무게의 근육 단백질이 빠져나간다.** 우리 몸은 사용하지 않는 근육은 필요 없다고 인식하기 때문이다.

몸에 좋다는 약이나 특정 성분을 여러 달 동안 지나치게 많이 먹으면 몸의 항상성이 깨지고 몸을 정상으로 회복하는 기능을 몸 스스로가 작동할 필요가 없다고 인지해 약 의존성이 생긴다. 특히 스테로이드는 천식, 관절염, 알레르기, 피부 가려움 등을 치료하는 데 효과가 뛰어나지만 증상이 아주 심하거나 치료 기간이 짧을 때가 아니면 쓰지 않는 것이 좋다. 합성 스테로이드 약(프레드니솔론)을 오랜 기간 먹거나 바르면 우리 몸은 이를 몸속에서 자연적으로 분비되는 부신피질 호르몬으로 인식한다. 그러면 정상 호르몬의 분비 균형이 깨져 스테로이드 복용을 중단하면 스테로이드 금단 현상이 나타난다. 피로감이 심해지고 몸이 허약해지며, 복통과 구토, 현기증이 자주 나며, 체중이 주는 등 심각한 부작용을 겪는다. 또한 저혈압, 저혈당, 붉은피부증후군 같은 증상을 보이기도 한다.

우리 몸은 경고 신호도 잘 발달되어 있다. **통증이 생기고, 열이 나며, 기침을 하고, 설사를 하며, 피로를 느끼는 것은 정확한 진단을 통해 치료하라는 것이지 바로 약을 먹으라는 신호가 아니다.** 세균에 감염되거나 조직에 이상이 생겨도 경고 신호가 없다면 제때 치료하거나 수술을 받지 못해 병이 악화될 수 있다. 암과 심혈관 질환으로 사망률이 높은 이유는 초기에 통증이나 불편함과 같은 경고 신호가 없고 상당히 진행된 다음에야 몸의 이상이 감지되기 때문이다.

약은 아스피린과 같이 통증을 줄이고 열을 낮추는 등 증상 완화를 위해 쓰이기도 하지만 항생제나 항암제처럼 세균과 암세포를 죽이는 근본적인 원인 치료를 위해서도 사용된다. **증상을 완화시키는 약을 먹고 통증이나 열, 기침 같은 경고 신호가 사라졌다고 해서 병이 완전히 치료됐다는 것은 아니다.** 심각하지 않은 병에 걸렸다면 우리 몸은 면역이나 해독, 재생 시스템 같은 자연치유력을 통해 다시 건강을 되찾게 만든다. 약으로 증상을 완화시키기보다는 근본 원인을 알고 치료하는 것이 바람직하지만 모든 병을 정확히 진단하기란 쉽지 않다. 예를 들어 만성 관절염은 종류가 많아 정확한 원인을 알기가 어려워 통증을 줄이는 약을 쓸 수밖에 없다.

우리 몸의 자연치유력을 지나치게 믿는 사람은 약을 먹지 않으려 하고, 건강 유지를 위해서는 반드시 약을 먹어야 한다고 믿는 사람은 약에 지나치게 의존하는 경향이 있다. 이런 극단적인 선택은 바람직하지 않다. 약이 주는 혜택과 위험성을 판단하고 결정하는 것은 전문가의 몫이다. 그러므로 전문가와 정부는 소비자에게 정확한 정보와 교육을 제공하여 소비자가 약을 적절하게 사용해 건강을 유지하는 데 길라잡이가 되어야 한다.

인간의 평균수명은 몇 살까지 늘어날까

마크 트웨인은 생의 황혼기에 "사람이 여든 살에 태어나서 점차 열여덟 살로 젊어진다면 인생은 대단히 행복해질 것이다"라고 말했다. 생의 내리막에 대한 두려움을 재치있게 표현한 문장이다.

인류는 시대와 공간을 초월해 불로장생을 꿈꿔왔다. 죽음에 대한 두려움, 삶에 대한 애착, 미완에 대한 아쉬움 등 어떤 이유로든 죽음을 피하고 싶은 갈망은 오랫동안 인류의 마음을 사로잡았다. 신화, 역사, 문학 그리고 예술 작품 속에서 '불로장생'은 주요한 주제로 등장한다. 제우스의 아들 탄탈로스는 올림포스 산에 초대를 받고 갔다가 불멸을 가져다준다는, 신들이 먹는 음식인 암브로시아와 신들이 마시는 음료인 넥타르를 훔치는 바람에 벌을 받는다. 지옥에 떨어진 탄탈로스가 강에서 물을 마시려 하면 물이 사라지고, 과일을 먹으려 하면 바람에 가지가 흔들려 과일을 먹을 수 없었다. 그는 굶주림과 갈증으로 영원히 고통 받는다.

불로장생 이야기에 진시황이 빠질 수 없다. 진시황은 늙지 않고 죽지 않기를 간절히 원했다. 사마천이 쓴 《사기》에 따르면 제나라 사람 서복은 진시황에게 바다 건너 신령의 산에는 모든 질병을 치료하고 영원한 젊음을 가져다주는 불로초가 있다고 말했다고 한다. 진시황은 서복에게 불로초를 구해 오라고 명령했고, 서복은 수천 명의 아이들을 데리고 길을 떠났다. 하지만 불로초를 찾지 못한 서복은 빈손으로 돌아가면 진시황에게 처형당할지도 모른다는 두려움에 돌아오지 않았다. 서복을 오매불망 기다리던 진시황은, 독성이 강한 중금속인 수은이 주성분인 탕약을 몇 달간 먹었고 결국 49세에 세상을 떠났다고 한다. **당시 수은은 금처럼 귀했던 데다 적은 양을 먹어도 피부가 팽팽해지는 효과가 있었다. 진시황은 수은을 불로장생 약으로 믿고 죽음에 이를 만큼 오래 먹었던 듯하다.** 불로장생에 집착했던 진시황이 불로장생약으로 알았던 수은의 부작용으로 단명한 사실은 역설적이다.

평균수명 150세를 놓고 벌이는 두 과학자의 내기

2013년 〈내셔널 지오그래픽National Geographic〉은 '이 아기들은 120살까지 살 것이다'라는 제목으로 기사를 실었다. 표지에는 피부 색깔과 관계없이 미래 인류의 평균수명은 120세가 될 것이라는 의미로 백인, 동양인, 흑인, 아메리카 원주민 아기의 사진을 실었다.

구석기 시대부터 20세기 초까지 인간의 평균수명에는 큰 변화가 없었다. 온라인 보고서 〈데이터로 보는 세계Our World in Data〉에 따르면

1870년 전 세계인의 평균수명은 29세였다. 20세기 들어 항생제와 백신 개발과 같은 의료 기술의 발전으로 유아사망률이 감소해 1950년 전 세계인의 평균수명은 48세가 되었다. 21세기에는 66세로 시작해 2015년에는 평균수명이 71세까지 올라갔다. 한국인의 평균수명은 어떻게 변화되어왔을까? 1908년에 한국인의 평균수명은 23세였지만 2017년에 평균수명은 남성은 79.3세, 여성은 85.4세로 100년 만에 무려 3.5배가 높아졌다.

2017년 2월 의학 학술지 〈란셋〉에는 "한국 여성은 2030년이 되면 세계 최초로 평균수명 90세에 도달할 것이다"라는 내용의 논문이 실렸다. 근거 자료로 한국은 노인을 위한 의료보험과 연금·복지 제도가 잘 되어 있고, 한국 여성은 건강한 식습관과 생활 방식을 유지하려 노력하며, 유아기 때의 영양 섭취와 더불어 성인이 되어서 혈압, 비만, 흡연 관리를 잘하는 태도 등을 요인으로 꼽았다. 미국 CNN은 이 연구 결과에 대해 "가장 중요한 것은 적어도 한 국가가 조만간 평균수명 90세 벽을 무너뜨릴 수 있다는 점이다"라고 보도했다.

현재까지 가장 오래 산 사람으로 기네스북에 오른 잔 칼망Jeanne Calment은 122세 164일(1875~1997)을 살았다. 칼망은 13세에 자신이 살고 있던 프랑스 아를 지역에서 반 고흐를 만난 기억이 있고, 114세에는 영화에 출연해 세계 최고령 여배우가 되기도 했다. 그녀의 생애는 과학 연구를 위해 완전한 기록으로 남아 있다. 그렇다면 현존하는 사람 가운데 150세 이상을 살 수 있는 사람이 있을까? 150세 생일을 맞는 사람이 생긴다면 인간의 평균수명도 150세에 이를 것이다.

생물학자인 스티븐 오스태드Steven Austad는 과학 잡지 〈사이언티픽 아메리칸〉에서 "150세까지 살 수 있는 사람이 아마도 이 세상에 살고 있을 것"이라고 주장했다. 이에 대해 노화를 연구하는 과학자 제이 올샨스키Jay Olshansky는 "그렇게 생각하지 않는다"며 반박했다. 2001년 두 과학자는 내기를 시작했다. 저마다 150세를 상징하는 150달러를 내서 모인 300달러를 펀드에 넣어둔 뒤, 2150년에 승자(또는 상속인)에게 모두 지불한다는 계약서를 작성한 것이다. 계약서에는 150세인 사람이 정신이 건강할 경우에만 오스태드가 승리한 것으로 간주한다는 단서가 붙었다. 내기는 여기서 끝나지 않았다.

2016년 10월 〈뉴욕타임스〉와 BBC를 비롯한 전 세계 주요 매체는 인간의 수명은 계속 높아지는 것이 아니라, 어느 수준에서 멈춘다는 전망을 보도했다. 얀 페이흐Jan Vijg 교수는 〈네이처〉에 "인간 수명 한계치는 115세이며 이미 평균수명은 90세 안팎으로 천장에 도달해 있다"는 연구 결과를 발표했다. **페이흐 교수 연구팀은 특정 해에 생존한 연령별 인구수를 비교하면서 각 연령별 인구수가 얼마나 빨리 증가하는지를 산출했다.**

전 연령 가운데 노년층 인구 증가율이 가장 빨랐는데, 이를테면 1920년대 프랑스에서는 85세 여성 집단의, 1990년에는 102세 여성 집단의 인구 증가율이 가장 빨랐다. 이런 패턴으로 본다면 현재는 110세 집단의 인구가 가장 빨리 증가해야 맞지만, 실제는 1990년대와 같게 나타나 특정 연령층의 인구 증가율이 늦춰지거나 멈춘 상태라는 것이다. 프랑스 이외에 40개국의 연령대별 인구 증가율 자료도 유사한 경향을 보였다. 시대별 최장수 연령을 보더라도 1968년에는 111세였고 1990년에는 115세, 현재는 유일하게 19세기에 태어난 엠마 모라노Emma Morano라는 여성의 연령인 117세이다. 페이흐의 주장이 사실이라면 칼망같이 122세까지 산 사람이 다시 나타날 가능성은 매우 희박하다.

페이흐 교수의 발표 1주일 뒤 올생스키 박사는 15년 전 오스태드 박사와 수명 연장을 두고 한 내기에서 자신이 판단한 것이 옳았다는 글을 발표했다. "매우 설득력 있는 연구 결과다. 인간이 갖고 있는 유전정보 프로그램은 이미 평균수명의 한계에 이르렀다. 앞으로 어떤 혁신적인 과학 진보가 일어날지 모르지만, 2001년 이전에 태어난 사람들이 150세까지 살기에는 이미 너무 늦었다." 오스태드 교수 또한 자신이 내렸던 판단이 틀리지 않았음을 증명하기 위해 노력했다. 동물실험을 통해 몇 가지 약이 수명을 연장시킨다는 것을 확인했으며 임상 시험도 계획하고 있음을 밝혔다.

두 교수 모두 자신의 주장을 거듭 재확인했고 내기 조건을 2배로 올려서 총 600달러를 모아두기로 합의했다. 15년 전 펀드에 넣어둔 300달러는 매년 9.5% 수익률을 올리며 이제 1,275달러가 됐다. 수익률이 떨어지지 않는다면 2150년에는 2억 달러에 이를 것으로 예상된다. 그러나 분명한 사실은 두 교수가 2150년까지 생존해서 결과를 직접 확인하기는 어려우리라는 것이다.

수명 연장을 위한 현대 과학, 어디까지 왔나

많은 과학자가 페이흐 교수가 주장한 인간의 한계 수명 115세를 뛰어넘기 위해 연구해왔다. 과학자들은 효모, 곤충, 생쥐 등으로 실험한 결과, 수명을 늘릴 수 있는 방법을 발견했고 이제 이러한 연구 결과를 인간에게 적용해 건강하게 오래 살 수 있는 방안을 찾고자 노력하고 있다.

과학자들이 제시한 첫 번째 방안은 식이 조절을 통해 노화를 지연시키는 것이다. 물벼룩, 거미, 어류, 생쥐에게 사료량을 줄여서 주었더니 수명이 30% 연장되었다는 것을 알아냈다. **평균수명이 33개월로 알려진 생쥐의 사료량을 줄였더니 생쥐의 수명이 12개월이나 연장된 것이다.** 2009년 〈사이언스〉에는 1987년부터 20년간 붉은털원숭이를 대상으로 한 수명 실험 결과가 발표되었다. 붉은털원숭이는 유전체가 사람과 93%가 동일하며 해부학적 구조나 생리작용 측면에서도 사람과 상당히 유사하다. 위스콘신대학 연구팀은 처음에는 수컷 30마리로 시작했다가 1994년에 암컷 30마리와 수컷 16마리를 추가했다. 실험 결과 정상적인 사료량을 먹은 원숭이는 50%가 생존했고 사료량을 30% 줄인 원숭이들은 80%가 생존해 있었다. 또한 사료를 적게 먹은 원숭이에게서 당뇨, 암, 심혈관 질환, 뇌 퇴화 같은 노화와 관련된 질환 발생 시기가 현저히 늦게 나타났다.

3년 뒤 2012년 미국 국립노화연구소NIA가 붉은털원숭이 121마리를 대상으로 연구한 결과가 〈네이처〉에 실려 과학계에 논쟁이 일어났다. 즉 사료를 정상량으로 먹은 원숭이와 적게 먹은 원숭이 사이의 생존률에는 차이가 없으며, 다만 통계적으로 건강이 개선된 효과를 보인다는 것이었다. 2017년 1월에는 〈사이언스〉와 〈네이처〉 연구 결과를 비교, 분석하여 '실험 디자인, 사료량, 실험 개시 시점이 달라 결과가 달랐을 뿐 붉은털원숭이에게 건강 개선 효과를 확인할 수 있기에 식이 조절은 사람의 건강에도 적용할 수 있다'는 내용의 다소 애매한 입장의 논문이 발표되었다.

사람이 비타민과 미네랄 같은 영양소를 정상적으로 섭취하되, 칼로리만 줄이면 오래 살 수 있는지는 분명치 않다. 절식絶食 이론에 동의하는 일부 과학자들은 일본인이 세계에서 가장 장수하는 이유로 소식하는 식습관을 꼽는다. 반면에 하등동물에서 고등동물로 올라갈수록 절식 효과는 매우 적을 것이라고 예측하는 학자들도 있다. 사람을 대상으로 연구하려면 적어도 실험 대상자가 20년 동안 저칼로리 식사를 해야 하기 때문에 현실적으로 여러 명의 실험 대상자를 구하기가 어렵다. 생쥐를 대상으로 한 실험에서는 격일로 절식을 시켜 수명 연장에 효과가 있음을 확인했기 때문에 사람에게 간헐적으로 절식시키는 실험을 해볼 수는 있다. 하지만 사람도 절식을 하면 노화가 늦춰지며 수명이 연장된다는 가설은 과학자들에게 여전히 미지수로 남아 있다.

두 번째 방안으로 과학자들은 의약품이나 식품 중에서 노화를 지연시킬 수 있는 물질을 찾고 있다. 1950년 영국에서 당뇨병 치료제로 개발된 메포민은 미국에서는 1994년 시판 허가 결정이 내려져 매년 수백만 명의 당뇨병 환자에게 처방되었다. 그동안 메포민을 먹었던 많은 사람의 데이터로 역학 연구를 한 결과 흥미로운 패턴이 발견되었다. 메포민을 먹은 사람은 먹지 않은 사람과 비교해 암과 심혈관 질환 발생률이 낮았다. 특히 2014년에는 "일반적으로 당뇨병 환자의 수명이 5년 내외로 단축됨에도 메포민을 먹은 노령의 당뇨병 환자는 당뇨병이 없는 사람에 비해 18% 오래 산다"는 사실이 발표되었다. 즉 메포민은 당뇨를 조절할뿐더러 수명을 연장시키는 역할을 하는 셈인데, 이 역할의 작용 원리가 무엇인지는 정확히 알려지지 않았다.

미국 FDA는 최근까지 노화를 질병으로 보지 않아 어떤 약도 승인하지 않았다. 그러나 2015년 12월 FDA는 메포민을 항노화제로는 처음으로 임상 시험을 승인했다. 60세 이상으로 암, 심혈관 질환, 치매 등 한 가지 질환을 갖고 있거나 앞으로 이러한 질환 발생 위험이 높은 남녀 3000명을 대상으로 메포민 효과를 6년간 추적할 예정이다. 물론 약을 먹는 환자뿐 아니라 약을 주는 의사도 약이 진짜인지 가짜인지 모르는 이중맹검법으로 진행된다. 수명 연장 효과를 확인하려면 실험은 수십 년이 걸릴지 모른다. 대신에 한 가지 이상의 노화와 관련된 질환의 발생 속도를 비교하는 것을 목표로 삼고 있다. 연구 책임자 니르 바질라이Nir Barzilai는 "우리는 메포민이 노년에도 건강을 오래도록 유지하는 데 도움을 주는지를 연구한다. 하지만 장수라는 부작용이 발견되면 연구팀은 부작용에 대해 사과할 것이다"라고 농담처럼 말하기도 했다.

메포민 이외에 항노화제로 검토 중인 후보 약 중에서 에버로리머스도 주목받고 있다. 유방암과 신장암 치료에 사용되는 이 약은 생쥐 실험에서 평균수명을 9~14% 증가시켰고 노화 관련 질환도 개선시켰으며 생애 말기에 먹여도 효과가 나타났다. 2014년에 제약 회사 노바티스는 65세 이상 218명을 대상으로 독감 예방주사와 에버로리머스를 함께 투여한 결과 독감 바이러스에 걸릴 확률이 줄어드는 것을 발견했다. 노년이 되면 백신을 맞아도 항체가 충분히 만들어지지 않아 독감 바이러스에 감염되기가 쉽다. 그러나 독감 예방주사와 에버로리머스를 함께 맞은 환자는 혈액 내 바이러스를 퇴치하는 항체가 더 많이 만들어졌다. 이 발견으로 에버로리머스가 고령 환자의 면역 체계를 젊게 만들 수 있는 길이 열렸다. 그러나 부작용으로 입안이 헐고 예상 판매 가격이 너무 비싼 점 등 넘어야 할 산이 많다. 에버로리머스를 쓰게 되면 치료비로 매달 800만 원이 들어 환자의 경제적 부담이 너무 커진다.

항노화제의 효과가 검증되더라도 약을 언제부터 먹기 시작해야 노화 예방과 생명 연장에 효과가 있는지 결정하는 문제도 쉬운 일이 아니다. 노화 예방이 목적이라면 노인성 질환이 처음 시작될 때 항노화 치료를 시작해야 할까? 생명 연장이 목적이라면 병에 걸리기 전에 먹어야 하는데 그렇다면 언제부터 약을 먹어야 할까? 항노화제를 얼마 동안 먹어야 할까? 이런 질문에 답하려면 수십 년이 걸릴지도 모른다.

식이 조절이나 약이 아닌 다른 방법으로 인간 생명을 연장시킬 수는 없을까? 인간의 생명 탄생 과정을 보면, 먼저 수정란이 분열해 많은 세포를 만들고 또다시 분열하는 과정이 반복되면서 원시 상태인 줄기세포가 다양한 신경세포와 근육세포와 같은 성숙한 체세포로 분화된다. 과거에는 분화된 체세포는 다시 줄기세포로 되돌아갈 수 없다고 믿었다. 2006년 일본 교토대학 신야 야마나카Shinya Yamanaka 교수는 체세포를 역분화시킬 수 있는 유전자 4종을 발견한 뒤 생쥐에서 분리한 피부 세포에 이 유전자들을 주입해 유도만능줄기세포iPS를 만들었다. 그는 이렇게 세포와 장기를 재생함으로써 불치병을 해결하는 데 획기적인 실마리를 제공해 2012년 노벨 생리의학상을 받았다.

2016년 12월 미국 솔트연구소 후안 카를로스 벨몬테Juan Carlos Belmonte 박사는 "유도만능줄기세포 기술을 이용해 늙은 생쥐를 젊어지게 할 수 있다"는 연구 결과를 발표했다. 그는 사람의 장년에 해당하는 12개월 된 생쥐와 조로증 생쥐, 이렇게 두 그룹으로 나눠 실험했다. 첫 번째 그룹인 12개월 된 쥐에서 분리한 성체 세포에 야마나카가 발견한 유전자를 주입하자 인슐린을 분비하는 췌장과 근육세포가 정상 기능을 회복했으며 상처 회복 능력도 빨라졌다. 두 번째 그룹은 유전자 조작으로 조로증에 걸린 생쥐인데, 사람이 조로증에 걸리면 신체가 빨리 노화되어 각종 노인성 질환에 시달리다 10대에 사망한다. 야마나카가 발견한 유전자 4종을 조로증 생쥐에게 주입한 결과 생쥐들의 심장박동이 정상적으로 돌아왔을뿐더러 생쥐들의 수명이 30% 연장되었다.

벨몬테 교수의 실험은 노화를 '지연시키는' 것이 아닌 젊음을 '되돌린다'는 점에서 이전 과학자들의 연구를 뒤집는 혁신적인 시도였다. 이 연구가 노화 연구의 새로운 장을 열었음에도 앞으로 해결해야 할 과제가 많다. 유도만능줄기세포는 암세포로 변할 가능성이 있으며 치아나 털이 비정상적으로 자라나는 부작용이 나타날 수도 있다. 또한 동물실험 결과가 인간에게도 동일하게 나타날지는 아직 밝히지 못했다. 그리고 세포 재생이 잘 되지 않는 뇌 신경세포도 젊은 세포로 바꿀 수 있을지 의문이다. 젊은 심장과 노화된 뇌를 동시에 갖고 싶어 하는 사람은 없기 때문이다.

수명 연장이 다가 아니다

과학자들은 노화의 생물학적 비밀을 풀어 평균수명을 120세까지 늘리기 위한 도전을 계속하고 있다. 미래에는 상상하기 어려울 정도로 과학이 발달해 인간 수명에 큰 변화가 올지도 모른다. 그러나 최근 국내에서도 노령 인구가 증가함에 따라 노동인구의 감소, 사회복지와 의료비 부담 등 많은 사회경제적 문제가 대두되고 있다. 따라서 미래 평균수명의 연장이 축복이 되기 위해서는 과학만의 문제가 아니라 사회 전반의 문제를 함께 풀어야 하는 과제가 남아 있다.

태어나서 생애 마지막 날까지 항상 건강하기를 바라는 마음은 누구나 같다. **오래 사는 것보다는 생을 마감할 때까지 높은 삶의 질을 유지하는 것이 훨씬 더 중요할 것이다.** 20세기 들어와 평균수명은 계속 늘어나고 있지만 무엇보다도 건강수명을 유지하는 것이 중요하다. 건강수명이란 평균수명에서 질병을 앓거나 부상을 당한 기간을 뺀 기간으로, '삶의 질'을 판단하는 지표가 된다. 현대 과학은 평균수명과 건강수명의 격차를 줄이기 위해 끊임없이 노력하고 있다. 2017년에 대부분의 과학

문헌이 제안한 '건강하게 사는 법'을 소개한다.

- 규칙적인 운동 체중 조절뿐 아니라 혈액순환이 잘 되고 엔도르핀이 분비되어 생활에 상쾌함을 가져다줘 정신적·육체적으로 삶의 질을 높이는 데 큰 도움이 된다.
- 체중 조절 체지방이 쌓이면 심혈관 질환, 당뇨 등 노인성 질환에 걸릴 확률이 높아진다.
- 충분한 수면 하루 평균 8시간을 자면 정신이 맑아지고 생산성이 높아진다. 만성 수면 장애는 고혈압, 비만, 심장마비 등과 같은 여러 질환과 관계가 있다.
- 스트레스 풀기 무리하지 않고 휴식을 충분히 취하고, 압박감과 분노를 조절하며, 자주 웃는 습관을 갖는 등 스트레스를 관리하는 것이 정신 건강 유지, 질병 예방 및 치료에 중요하다.
- 균형 잡힌 식사 채소, 과일, 육류, 생선 등 다양한 종류의 식품을 알맞은 양으로 먹는 것이 좋다. '건강에 좋다'고 광고하는 수많은 웰빙 음식과 슈퍼푸드에 현혹되지 말자.
- 약 의존도 줄이기 생활 습관을 바꾸는 것만으로도 노인성 질환을 개선할 수 있는지를 확인하자. 고高콜레스테롤증, 고혈압, 당뇨가 걸렸을 때 운동과 식이요법을 병행하면 약 의존도를 줄일 수 있다
- 아침 식사 아침을 먹으면 심혈관 질환과 당뇨를 예방할 수 있고 체중 조절에도 효과가 있다. 하지만 지방이나 탄수화물이 많은

식사는 피하고 과일, 시리얼, 저지방 우유 등 가벼운 식사를 하는 것이 좋다.

- 물 마시기 하루에 6~8컵 정도 물을 마시면 체액 균형이 유지되고 칼로리 조절이 쉬워지며, 근육에 힘이 생기고, 변비를 완화시킬 수 있다. 특히 물을 자주 많이 마시면 피부가 덜 건조해지고 주름도 덜 생긴다는 여러 연구 결과가 있지만, 큰 이점이 없다는 반론도 있다. 그러나 물을 적당량 마시는 것은 건강에 매우 중요하기 때문에 피부 탄력에 너무 연연할 필요는 없다.
- 의료 기록 보관 건강검진 및 시력검사 결과, 약 복용 리스트 등 자신의 건강 기록을 잘 보관해두면 질병 관리와 건강 유지에 도움이 된다.
- 담배 안 피우기와 하루 1~2잔의 소량 음주도 피하기.

이러한 건전한 생활 습관을 유지하면 노화와 관련된 만성질환을 줄일 수 있다는 과학적 증거들이 매우 많다. 또한 10가지 생활 습관은 서로 유기적으로 연결되기 때문에 정신적 · 육체적으로 건강한 삶을 누리도록 해준다. 하지만 이 모든 생활 습관을 지키며 살 수 있는 사람이 얼마나 될까? 입시, 승진, 생활고에 시달리거나 잦은 야근, 장시간 노동과 학업이 일상인 대부분의 사람은 환경적 요인 때문에 건강한 생활 습관을 실천하기가 매우 어렵다.

정신적 스트레스뿐 아니라 육체 피로가 쌓이면 뇌는 '피곤하다'는 신호를 보낸다. 이는 '몸에 휴식이 필요하다'는 신호이지 보약이나 슈퍼푸드를 먹으라는 신호가 아니다. 스트레스와 피로가 계속 쌓이면 업무 효율과 학업 성취도가 낮아지는 것은 말할 필요도 없고 면역 기능이 떨어져 소화 질환뿐 아니라 병에 걸릴 위험성이 높아진다. 심하면 대개는 중·장년층에 나타나는 '과로사'가 젊은 층에서 나타나기도 한다. 현대사회에서 거치는 여러 시험이나 회사 면접 같은 짧고 강한 스트레스는 에너지와 긴장을 줘서 성취도를 높여주는 긍정적인 면도 있다. 반면에 만성적인 스트레스를 해소하려면 휴식, 대화, 여행, 취미 생활 등 스스로 극복할 수 있는 방법을 찾아야 하며, 도저히 쉴 수 없는 환경이라면 그것이 장기간 지속되지 않도록 해야 한다.

육상 선수들과 과학자들의 과제, 인간은 얼마나 더 빨리 달릴 수 있나?

1896년 그리스 하계 올림픽부터 시작된 마라톤은 올림픽경기의 하이라이트로 늘 폐막식 직전에 열린다. 스포츠 과학자들은 '42.195킬로미터 마라톤에서 인간이 넘어설 수 있는 기록의 한계는 얼마일까'에 관해 10년을 주기로 예측했지만 맞춘 경우가 거의 없다. 1936년 베를린 올림픽에서 손기정 선수가 2시간 29분으로 세계신기록을 세우며 머리에 월계관을 쓴 뒤, 영국 선수가 그 기록을 깨기까지 약 20년이 걸렸다.

마라톤 세계기록은 한동안 2시간 10분의 벽을 넘어서지 못했다. '마魔의 10분 벽'이 이어진 것이다. 하지만 1967년 호주의 데렉 클레이턴Derek Clayton은 2시간 9분대라는 놀라운 기록으로 우승했다. 마라톤 세계기록은 매년 평균 15초씩 단축되었고 약 20년 뒤인 1988년에 에티오피아의 벨라이네 딘사모Belayneh Densamo는 2시간 6분 50초라는 세계신기록을 세웠다.

그 후 10년 동안 기록이 깨지지 않자 1997년에 제럴드 로슨Gerald Lawson 박사는 자신의 책 《인간 운동학Human Kinetics》에서 약 30년 뒤인 2015년 세계기록은 2시간 5분 55초일 것이며 마의 한계는 2시간 5분대일 것으로 예측했다. 전문가들을 비웃기나 하듯이 책이 발간된 지 2년 만인 1999년에 2시간 5분대가 깨졌다. 2014년에는 케냐의 데

니스 키메토Dennis Kimetto가 베를린 마라톤에서 2시간 2분 57초라는 세계신기록을 세웠다.

인간이 한계에 도전한다는 것은 상업적인 마케팅에서 가장 유용한 도구로 활용되기도 한다. 2016년 12월 스포츠 브랜드 나이키는 '브레이킹Breaking 2'라는 프로젝트를 기획해 '마의 2시간 벽'을 깨겠다는 포부를 밝혔다. 나이키는 프로젝트 성공을 위해 수백 명의 육상 장거리 선수를 테스트해 한계에 도전할 3명의 마라토너를 선정했다. 동시에 인체 역학, 생리, 영양, 소재, 환경 분야 전문가들로, 선수들을 관리하는 전담 팀을 구성했다.

첫 번째 열린 2017년 경기에서 리우 올림픽 금메달리스트인 케냐의 엘리우드 킵초게Eliud Kichoge가 2시간 25초 기록으로 우승했다. 하지만 이 기록은 세계신기록으로 공인받지 못했다. 나이키가 주최한 경기의 조건이 국제육상경기연맹IAAF의 규정에 어긋났기 때문이다. 나이키는 기록 달성을 위해 선수들에게 유리한 환경을 제공했던 것이다. 일반 마라톤 경기와 달리 전동 자전거로 선수에게 물을 공급해 시간을 단축했고 뛰기에 가장 쾌적한 이른 아침 시간에, 울퉁불퉁한 도로가 아닌 평평한 자동차 경주장에서 경기를 진행했다.

캐나다 몬트리올대학의 운동생리학자인 프랑수아 페로넷Francois Peronnet은 인간의 달리기 능력과 과거 기록을 수학적으로 분석하여 2030년에는 2시간 벽을 깰 수 있으리라 예측했다. 세계신기록을 깨기 위한 육상 선수들과 인간의 달리기 능력은 어디까지인지 연구하는 과학자들의 도전은 앞으로도 계속될 것이다.

인공지능이 의사와 약사를 대체할 수 있을까

전문가들은 미래를 얼마나 정확하게 예측했을까? 1899년에 미국 특허국 국장 찰스 듀얼Charles Duell은 "이제 발명할 수 있는 것은 모두 발명되었다"고 말했다. 1903년에 미시간 저축은행 회장은 "말은 운송 수단으로서 효용 가치가 영원하지만, 자동차는 한때의 유행에 불과하다"라며 포드 자동차의 주식을 사겠다는 사람들을 말렸다. 하지만 한 변호사는 전 재산을 긁어모아 포드 자동차 주식에 5000달러를 투자했고 10년 뒤 그가 산 주식 가치는 1250만 달러까지 올랐다. 가정용 컴퓨터가 소개될 무렵인 1977년에 미국 공학자 케네스 올슨Kenneth Olson은 "개인이 집에서 컴퓨터를 쓸 일은 없을 것이다"라고 말했다.

1965년 만화가 이정문은 '앞으로 35년 후 우리의 생활은 어떻게 달라질까'라는 주제로 21세기 모습을 상상해 그렸다. '무선 티브이를 보거나 무선 전화를 사용하며', '집에서 원격으로 치료를 받고', '학교 가는 대신 원격으로 집에서 공부하고', '전파 신문, 전기 자동차와 움직

이는 도로가 있고', '수학여행은 로켓으로 달나라 여행을 간다' 등 그가 상상한 모습은 현재 우리 생활과 꽤 비슷하다. 2013년 서울대 공과대학 기획위원회에서는 그림을 그렸던 만화가에게 2041년 인류의 모습을 상상해 그려달라고 했다. 1쪽짜리 만화에는 인간의 기대수명은 100~150세까지 늘어나며, 병이 나면 좁쌀 크기 로봇이 환부에 들어가 질병을 치료하고, 휴대폰은 병을 진단할 정도로 진화할 것이라는 내용을 담고 있다. 만약 만화가 현실이 된다면, 앞으로 25년 뒤에는 의사, 약사라는 직업이 사라지는 건 아닐까?

2013년 6월 〈MIT 테크놀로지 리뷰MIT Technology Review〉에는 '기술이 발전함에 따라 일부 직업이 사라지고 있다'는 특집 기사가 실렸다. **기사에서는 인공지능, 로봇, 빅데이터와 같은 기술혁명으로 미래에 사라질 직종 10개를 뽑았는데, 그중에는 약사도 있었다.** 사실 그때만 해도 나는 인공지능과 빅데이터 기술을 일상에서 체험해보지도 않았고, 기술이 발전한다고 해도 약사라는 직종은 사라지지 않으리라고 믿었다.

2016년 3월 이세돌 9단과 알파고가 바둑 대결을 벌였다. 시합 전 바둑 전문가들은 물론 정보 기술 공학자들 대부분은 인공지능이 바둑 프로 기사를 이기려면 적어도 수십 년은 걸릴 것이라고 장담했다. 하지만 5번의 바둑 대결에서 알파고가 4번을 이기자, 전 세계는 충격에 빠졌다. 그리고 IT 강국을 자처하던 한국은 인공지능 분야에서 상당히 뒤처져 있음을 자각했다. 과학기술계의 대표적 석학들로 구성된 한국과학기술한림원에서도 5차례에 걸쳐 인공지능과 미래를 주제로 토론회를 열었는데, 인간의 뇌 구조 연구를 통해서 인공지능이 어디까지 발전할 수 있는지, 제4차 산업혁명에서 한국이 어떻게 살아남을 지를 놓고 많은 논의가 이루어졌다.

초기 인공지능은 인간이 입력시킨 것 이상을 넘지 못했다. 하지만 인간 뇌의 학습법을 모방한 딥러닝deep learning 방식은 진화된 개념의 인공지능 기술이다. 인간이 책을 읽으면서 개념과 원리를 스스로 터득하듯이 입력된 빅데이터를 바탕으로 인공지능 스스로 학습하고 분류하여 가장 적합한 결정을 내리는 것이다. 딥러닝을 통해 더 많은 빅데이터를 학습한 인공지능 기술은 더욱 빠른 속도로 정교해지고 있다.

2017년 10월 〈네이처〉는 구글 딥마인드가 알파고 '제로'를 개발했다는 소식을 전했다. 알파고 '제로'는 수많은 바둑 기보를 학습해 이세돌 9단과 대적했던 기존의 알파고와 달리 데이터 입력 없이 바둑의 규칙만 알려주면 스스로 터득하여 최적의 수를 만들어낼 수 있다. 구글 딥마인드 CEO는 알파고 '제로'가 인간과 대결하는 일은 이제 없을 것이라고 선언했다. 마치 바둑 영역에 인공지능은 이미 신의 경지에 도달해 인간과 대결 자체가 무의미하다는 것처럼 들린다.

무슨 병에 걸릴지 미리 알 수 있을까

이제 인공지능 기술은 다양한 산업 분야, 특히 미래 고령화 시대에 성장 산업으로 가장 주목받는 헬스케어 분야에 초점을 맞추고 있는 듯하다. 세계 최대 비즈니스 소셜네트워크서비스인 링크드인은 2015년에는 8,500억 원이었던 헬스케어 인공지능 시장 규모가 2021년에는

7조 원으로 성장할 것으로 예측했다. 헬스케어 분야는 구글 딥마인드, IBM 왓슨 등 인공지능 개발을 위해 선두에 선 기업들의 각축장이 될 전망이다. 미국 CNBC 방송은 구글 딥마인드가 인공지능 기술을 이용해 살이 찌고 빠지는 복잡한 생리 현상을 분석해 비만의 원인을 밝히고 예방하기 위한 해결책을 모색하고 있다고 보도했다. 비만의 원인이 밝혀진다면 여러 성인병을 예방하고 치료하는 데 활용할 수 있을 것이다.

인공지능이 헬스케어 분야에서 인간의 어떤 역할을 얼마나 대체할 수 있을까? 병을 진단하고 치료하고 예방 조치를 통해 건강을 유지하고 향상시키도록 하는 헬스케어에는 다양한 전문가가 참여한다. 일부 병원에서는 이미 인공지능과 빅데이터를 활용해 진단, 수술, 원격진료, 재활 등에서 가시적인 성과를 얻고 있다. 국내에도 약 60여 대가 도입된 수술 로봇 다빈치를 이용해 전 세계에서 해마다 약 300만 건의 로봇 수술이 이루어지고 있다. 다빈치를 개발한 회사에 따르면 **다빈치로 사람의 손이 닿지 않는 부위까지 수술할 수 있으며, 절개를 최소화해서 수술하도록 설계되어 있어 환자의 회복이 빠르고 부작용이 적다고 한다.** 하지만 수술 로봇의 가격이 너무 비싸서 중소 병원에서는 도입하기가 어렵다. 또한 의사들이 수술 순서나 방법을 자유롭게 수정하기가 쉽지 않다.

2016년 12월에 가천대 길병원이 인공지능 왓슨을 도입한 것을 시작으로 현재 여러 종합병원에서 암 진단과 치료에 왓슨을 활용한다. 왓슨은 종양학 학술지 300개, 교과서 200개, 1,500만 쪽 분량의 임상 의료 정보 빅데이터를 학습했는데, 이를 바탕으로 의사가 입력한 암 환자의 증상, 검사 자료와 진료 정보에 맞는 맞춤형 진단과 함께 가장 적합한 치료법을 제시한다. 미국종양학회에 따르면 "왓슨의 암 진단 정확도는 대장암 98%, 방광암 91%, 췌장암 94%다." 왓슨이 제시한 치료법을 적용할지 최종 결정은 의사가 하게 되어 있다.

인공지능 도입을 두고 국내 의사들의 견해는 뚜렷하게 나뉜다. 많은 의사가 왓슨과 다빈치는 의사가 조종하는 의료 기기일 뿐이며 사람인 의사를 대체할 수 없다고 말한다. **하지만 일부 의사들은 진단과 수술에서 인공지능이 인간보다 더 정확하고 안전하다면 인간과 인공지능의 역할이 서로 바뀔 수도 있다고 말한다.** 2017년 5월 CNBC는 미국 의사들을 대상으로 인공지능이 의사의 역할을 얼마나 대체할 수 있는지를 물었는데, "실리콘밸리에서 의료 기술혁명이 일어나고 있다는 주장과는 달리 회의적으로 생각하는 의사들이 많았다"고 전했다.

인공지능과 빅데이터는 질병 진단에도 혁명을 일으키고 있다. 빅데이터를 활용해서 질병의 위험성을 사전에 알고 조치를 취한 대표 사례로 배우 안젤리나 졸리가 있다. 졸리는 유방암과 난소암 발병을 예방하기 위해 2013년에는 유방 절제 수술을, 2015년에는 난소 절제 수술을 했다. 그녀의 어머니는 유방암을 앓다가 난소암에 걸려 숨졌으며 할머니는 난소암으로, 이모는 유방암으로 사망했다. 유전자 검사 결과 졸리의 몸에서 BRCA1 돌연변이 유전자가 발견되었다. 이 유전자를 갖고 있으면 유방암에 걸릴 확률이 87%, 난소암에 걸릴 확률이 50%라는 진단을 받은 졸리는 수술을 감행했다. **졸리가 수술을 받은 사실이 알려지자 미국과 유럽에서 유방암이나 난소암에 걸렸던 가족이나 친척이**

있는 많은 여성이 유전자 검사를 받았다. 2013년에는 영국이 10만 명 유전체 프로젝트100,000 Genomes Project를 시작했다. 이 유전체 프로젝트의 목적은 개인의 유전자 정보 수집과 함께 발병 자료를 분석함으로써 BRCA 유전자 이외에 희귀 질환이나 암에 걸리기 쉬운 환자를 사전에 진단하는 것이다. 유전자 검사 비용도 점차 낮아져서 이제 더 많은 사람이 개인이나 가족이 질병에 걸릴 위험성을 미리 알 수 있다.

하지만 "피 한 방울로 암을 포함한 모든 질병을 진단할 수 있다"는 광고를 본 적이 있다면 이는 아직까지는 사실이 아니다. 미래에는 번거롭고 괴로운 건강검진 과정을 피 한 방울 뽑기로 줄일 수 있을지 모르지만 현재의 의료 기술로는 불가능하다. 2015년 10월 〈월스트리트 저널〉은 한 스타트업 기업의 사기 행태를 보도했다. 실리콘밸리의 기업 테라노스는 피 한 방울로 콜레스테롤부터 암까지 240개의 질병을 진단할 수 있다고 광고했지만 언론이 심층 조사를 한 결과 단지 15개 질병만 진단할 수 있는 것으로 밝혀졌다. 과학적으로 검증되지 않은 허위 광고를 한 테라노스 연구실은 문을 닫았고 한때 10조 원이던 기업 가치도 추락했다.

원격진료부터 개인맞춤의약까지, 미래의 헬스케어 전망

정보 통신, 인공지능, 빅데이터 기술 진보에 따라 원격진료를 둘러싼 논란이 뜨겁다. 원격진료 도입을 부정적으로 생각하는 그룹은 의사가 환자를 직접 마주하는 진료보다 의료 서비스의 질이 떨어지고 진단과 처방에 대한 안전성과 유효성이 검증되지 않아 아직 이르다고 주장한다. 또한 원격진료를 도입하면 인공지능과 빅데이터를 이용한 시스템을 갖춘 대형 병원으로 환자가 몰리기 때문에 동네 병원은 운영난에 처할 수 있으며, 최신 정보에 취약하고 소득이 낮은 소외 계층은 치료받을 기회가 적어 공공 의료가 무너진다고 우려한다. 원격진료 도입이 필요하다는 입장에서는 환자가 병원에 가지 않고도 가정이나 직장에서 진료를 받을 수 있어 편리하며, 미국과 유럽뿐 아니라 의료 서비스가 낙후된 중국에서도 이미 원격진료 서비스를 운영하는 상황에서 지금 제도를 갖추지 않으면 국내 헬스케어 산업이 뒤처질 것이라고 주장한다.

의료계, 정치권, 대기업 등 각 분야의 이해관계가 얽힌 만큼 원격진료 도입에 관한 찬반 의견이 팽팽하지만 원격진료는 앞으로 세계적 흐름을 따라갈 가능성이 높다. 하지만 원격진료를 산업과 경제 논리에 떠밀려 급하게 도입하는 것은 바람직하지 않다. 지역별로 원격진료를 시범적으로 늘려나가면서 원격진료를 받은 환자들의 만족도, 종합병원과 동네 병원과의 불균형 해소, 원격진료 서비스의 공공성 확보 등의 문제점을 먼저 풀어가며 검증된 만큼씩 단계적으로 시행하는 신중하고 합리적인 접근이 필요하다. **건강과 질병은 산업의 논리보다 생명, 인권 등 공공성의 시각이 비교할 수 없을 만큼 중요하기 때문이다.**

2016년에는 개개인의 건강관리를 돕는 가정용 인공지능 건강 로봇인 필로Pillo가 출시되었다. 사용자는 필로에 연결된 의사와 헬스케어 전문가에게 건강에 관해 직접 질문하고 답변을 받을 수 있으며, 필로가 약을 처방해줄 뿐 아니라 약을 제시간에 적정량으로 먹었는지도 관리해준다고 알려져 있다. 이렇게 인공지능과 빅데이터가 도입되면 약국에도 엄청난 파장이 몰아치리라 예상되지만, 약사회나 약학학술 단체에서는 제4차 산업혁명을 남의 일처럼 바라보고 있다.

2006년 학술지 〈약물치료Pharmacotherapy〉에서는 병원에 입원한 환자 가운데 24%는 약의 부작용이나 잘못된 처방 탓에 건강이 악화되었으며 그중 72%는 예방이 가능했다는 연구 결과를 발표했다. 이러한 투약 오류 가운데 약의 부작용으로 생긴 사고가 35%로 가장 많다. 같은 용량을 먹어도 사람마다 유전적 특성이 다르기 때문에 약을 먹었을 때의 효능과 부작용이 다 다르다. 사람마다 몸에서 약을 분해시키는 효소의 양이 다르기 때문이다. 예를 들어 폐결핵 치료제 이소니아지드를 분해하는 효소가 많은 사람은 약을 빨리 몸 밖으로 배설시키지만, 효소가 적은 사람은 약이 천천히 분해되기 때문에 이소니아지드 부작용이 생길 수 있다.

현재에는 약을 몸에서 분해시키는 수많은 효소와 인간의 유전정보 빅데이터를 인공지능에 학습시키는 시도가 이루어지고 있다. 조만간 유전정보에 맞춰 부작용이 가장 적고 잘 듣는 약을 올바른 용량으로 처방하고 조제할 수 있는 개인맞춤의약personalized medicine 시대가 열릴 것이다.

2009년 〈영국임상약리학저널British Journal of Clinical Pharmacology〉은 약사의 실수로 인한 다양한 투약 오류 사례를 실었다. 약 이름이 비슷해 잘못 조제하거나, 처방전 글씨를 잘못 읽어 처방과 다른 약을 주거나, 용량이 틀리거나, 한 가지 약을 빼먹거나, 약 포장지에 잘못된 정보를 붙이거나 다른 환자의 약을 잘못 주는 등의 실수가 대표적이다. 인공지능이 도입되면 이러한 실수에 의한 투약 오류를 크게 줄일 수 있다. 또한 환자의 유전정보에 따라 약을 복용할 때 먹으면 안 되는 음식, 고혈압 약과 당뇨 약을 동시에 먹을 때의 주의 사항 같은 정보를 최적화하여 환자에게 제공할 수 있다. 병원에서 원격진료가 시작되면 환자의 편의성뿐 아니라 투약 오류를 크게 줄일 수 있다는 측면에서 약국도 원격 조제를 뒤쫓아갈 수밖에 없다.

2032년이 되면 인공지능은 가정용 로봇, 스마트폰, 웨어러블 디바이스를 통해 헬스케어에서 핵심 역할을 하게 될 것이다. 유전정보를 갖고 있는 인공지능은 유전 질환이나 성인병의 위험성을 미리 알려주고, 건강을 유지할 수 있도록 운동량, 스트레스 정도, 비만 상태를 수시로 점검하며, 영양소와 칼로리 등 건강한 먹거리와 식습관 정보를 제공할 것이다. 개인의 건강검진 결과, 병원 진료, 약 사용과 관련된 모든 기록을 가진 인공지능이 그에 맞는 진단, 치료, 수술, 처방, 조제를 맡는 방향으로 나가리라 예상된다.

우리는 따뜻한 전문가를 원한다

제4차 산업혁명은 의사와 약사를 포함한 헬스케어 전문가가 부딪치고 극복해야 할 숙명이다. 약에 관한 수많은 정보, 인체 대사 효소, 부작용 사례, 인간 유전정보를 분석하여 환자에 가장 적합한 약 사용법을 추천하는 인공지능 앞에서 약사는 어떤 역할을 할 수 있을까? 약사들도 인공지능과 로봇으로 대체할 수 없는, 인간만이 할 수 있는 새로운 영역을 고민해야 한다. 이제는 약학대학에서도 재학생뿐 아니라 현직 약사들을 위해서 미래 환경 변화에 대응할 수 있는 교육 여건을 마련해야 한다.

약과 건강에 관련된 지식을 인공지능, 빅데이터, 노령 인구, 마케팅, 유통, 건강보험, 감성, 소통능력 등 다른 분야 전문가와 네트워킹하고 융합한다면 제4차 산업혁명은 위기보다 기회가 될 수 있다. 2017년 5월 페이스북 창업자 마크 저커버그는 하버드 졸업식 축사에서 이렇게 말했다. "현재 우리는 아프지 않도록 하는 예방법을 찾는 분야보다 병에 걸리고 나서 치료하는 분야에서 50배나 많은 전문가가 일하고 있죠. ……시작할 때는 아무도 모릅니다. 창의적 아이디어는 처음부터 완성된 형태로 나오지 않아요. 고민하고 매달리면 점차 명확해집니다. 일단 준비하는 게 중요하죠."

2016년 1월에 열린 다보스 세계경제포럼WEF에서는 인공지능과 로봇 분야에서 기술 변화가 급속도로 일어나, 현재의 산업구조를 뒤바꿀 제4차 산업혁명이 시작됐다고 했다. **미래 일자리에 관한 보고서는 현재 초등학교에 입학하는 아이들 가운데 65%가 성인이 되면 지금은 없는, 완전히 새로운 직업을 가질 것이라고 전망했다.** 인공지능과 로봇 기술이 미래 사회에 어떤 영향을 미칠지에 관해서도 전문가들의 견해가 엇갈린다. 저커버그는 인공지능이 발달해도 인간은 새로운 일자리를 만들 것이라고 낙관했다. 한편 얼마 전에 세상을 떠난 물리학자 스티븐 호킹은 일상생활이 자동화되고 인공지능이 무분별하게 도입되면 인간성이 파괴되어 인류가 종말을 맞이할 것이라고 경고했다.

가까운 미래에 지금보다 과학기술이 더 발전하면, 우리는 인공지능에 얼마나 의지하게 될까? 병원에 가면 의사를 보기까지 오래 기다려야 하지만 의사가 진료하는 시간은 매우 짧다. 약국에서는 하루에 약을 몇 번을 먹어야 하는지, 언제 먹어야 하는지 등 기계적인 안내 외에 내 몸의 상태에 관해 약사와 상담하는 경우는 드물다. 인공지능이 발달하면, 우리는 병이나 약에 관한 궁금증을 인공지능에게 언제라도 부담 없이 물어보고, 정보를 얻을 수 있을 것이다.

하지만 인공지능이 의사와 약사를 온전히 대체할 수 있을까? 사람이 가진 소통과 공감 능력은 인공지능이 따라잡지 못하는 영역일지도 모른다. 사람들은 진료하면서 눈 한 번 더 맞추며 믿음을 주고, 경과를 세심히 물어보고, 자기 가족처럼 따뜻하게 대하는 의사를 원한다. 지난번에 처방받은 약을 먹고 몸 상태가 어땠는지, 부작용은 없었는지, 약 먹을 때 주의 사항을 친절히 알려주는 약사를 원한다. **우리에게는 사람들과 소통하며 공감하는 능력을 갖춘 따뜻한 전문가가 필요하다.** 미래에는 가슴 차가운 전문가가 발 디딜 곳은 더더욱 없다.

찾아보기

ㅈ

ㅊ

ㅋ

ㅌ

A~Z

학술지

위대하고 위험한 약 이야기

첫판 1쇄 펴낸날 2017년 8월 7일
17쇄 펴낸날 2024년 12월 20일

지은이 정진호
발행인 조한나
편집기획 김교석 유승연 문해림 김유진 전하연 박혜인 조정현
디자인 한승연 성윤정
마케팅 문창운 백윤진 박희원
회계 양여진 김주연

펴낸곳 (주)도서출판 푸른숲
출판등록 2003년 12월 17일 제2003-000032호
주소 서울특별시 마포구 토정로 35-1 2층, 우편번호 04083
전화 02)6392-7871, 2(마케팅부), 02)6392-7873(편집부)
팩스 02)6392-7875
홈페이지 www.prunsoop.co.kr
페이스북 www.facebook.com/prunsoop 인스타그램 @prunsoop

ISBN 979-11-5675-700-9(03400)

이 책은 한국출판문화산업진흥원의 출판콘텐츠 창작자금을 지원받아 제작되었습니다.